国家职业技能鉴定考核指导用书——
职业院校职业技能鉴定考核辅导教材

维修电工（中级）

人力资源和社会保障部教材办公室
广东省人力资源和社会保障厅职业技术教研室 组织编写

编审人员

主　编：赵贤毅
编　者：赵贤毅　高舜丽
主　审：王小涓

U0348471

中国劳动社会保障出版社

图书在版编目（CIP）数据

维修电工：中级/人力资源和社会保障部教材办公室组织编写. —北京：中国劳动
社会保障出版社，2014.8
国家职业技能鉴定考核指导用书
ISBN 978 - 7 - 5167 - 1324 - 2

Ⅰ.①维…　Ⅱ.①人…　Ⅲ.①电工-维修-职业技能-鉴定-教材　Ⅳ.①TM07

中国版本图书馆 CIP 数据核字（2014）第 196218 号

中国劳动社会保障出版社出版发行

（北京市惠新东街 1 号　邮政编码：100029）

＊

三河市华骏印务包装有限公司印刷装订　新华书店经销
787 毫米×1092 毫米　16 开本　9.5 印张　209 千字
2014 年 8 月第 1 版　2024 年 1 月第 19 次印刷
定价：20.00 元
营销中心电话：400－606－6496
出版社网址：http://www.class.com.cn

版权专有　　侵权必究
如有印装差错，请与本社联系调换：（010）81211666
我社将与版权执法机关配合，大力打击盗印、销售和使用盗版
图书活动，敬请广大读者协助举报，经查实将给予举报者奖励。
举报电话：（010）64954652

前　言

　　实行职业技能鉴定，推行国家职业资格证书制度，是促进劳动力市场建设和发展的有效措施，关乎广大劳动者和企业发展的切身利益。由人力资源和社会保障部组织开发的职业技能鉴定国家题库网络已经建立，成为各地方职业技能鉴定的依据。近年来职业技能鉴定发展变化较快，广东等省率先采用计算机进行理论知识鉴定考核，其考试难度和范围发生了一些变化。为此，人力资源和社会保障部教材办公室与广东省人力资源和社会保障厅职业技术教研室共同组织有关鉴定专家编写了这套国家职业技能鉴定考核指导用书——职业院校职业技能鉴定考核辅导教材。

　　本套用书内容紧扣鉴定细目，针对计算机考试试题范围扩大，题库题量增加的情况，提炼大量典型例题，旨在通过强化训练，帮助考生迅速融会贯通知识和技能考点。本套丛书首批涉及汽车修理工、汽车维修电工、维修电工、数控车工、装配钳工5个职业，分别开发中级技能和高级技能两个级别用书。

　　每本书分为试卷构成及题型介绍、理论知识考试试题和操作技能考核试题三部分。

　　➤ 试卷构成及题型介绍：讲解理论知识考试试卷构成及题型、操作技能考核试卷构成及考核要求，旨在使考生快速了解考试形式和考核要求。

　　➤ 理论知识考试试题：对接鉴定题库考核知识点，采用与理论知识考试一致的题型，试题全面练习与模拟试卷实战相结合，通过千余道试题的强化练习，提高考生应试水平。

　　➤ 操作技能考核试题：涵盖操作技能考核题库常考试题，详尽的配分与评分标准说明以及操作解析，使考生明晰操作技能考核要点，从而顺利通过操作技能考核。

　　本套用书作为参加职业技能鉴定人员考前强化用书，适用作职业院校职业技能鉴定考核辅导教材，也可作为社会化鉴定、行业鉴定以及企业技能人才评价考前培训使用。

　　本套用书涵盖内容广泛，虽经全体编审人员反复修改，但限于时间和水平，书中难免有不足之处，欢迎各使用单位和个人提出宝贵意见和建议，以使教材日渐完善。

人力资源和社会保障部教材办公室
广东省人力资源和社会保障厅职业技术教研室

目　　录

第一部分　试卷构成及题型介绍

第一节　理论知识考试试卷构成及题型介绍

● 理论知识考试试卷构成和题型

目前，本职业理论知识考试采用标准化试卷，每个级别考试试卷有"选择题"和"判断题"两大类题型。从2013年1月开始，本工种的职业技能鉴定的理论知识考核，大部分地区采用了计算机无纸化的考核形式。其具体的题型比例、题量和配分见表1—1。

表1—1　　　　　　标准化理论知识试卷的题型比例、题量和配分方案

题型	鉴定工种等级			分数
	初级工	中级工	高级工	
选择	160题（0.5分/题）			80分
判断	40题（0.5分/题）			20分
总分	100分（200题）			

1. 单项选择题为"四选一"单选题型，即每道题有四个选项，其中只有一个选项为正确选项，共160题，每题0.5分，满分80分。

2. 判断题为正误判断题型，共40题，每题0.5分，满分20分。

3. 试卷中，单项选择题占总题量的80%，判断题占总题量的20%，试卷共200题，每题0.5分，试卷总分100分。

● 理论知识答题要求和答题时间

一、答题要求

1. 采用试卷答题时，作答单项选择题应按试题要求选择一个正确的答案，将相应的字母填入题内的括号中。作答判断题应根据对试题的分析判断，将判断结果填入括号中，正确的填"√"，错误的填"×"。

2. 采用答题卡答题时，按要求，直接在答题卡上选择相应的答案处涂色即可。

3. 采用计算机考试时，按要求，点击选定的答案即可。

具体答题要求，在考试前，考评人员会做详细说明。

二、答题时间

按《国家职业技能标准》要求，维修电工中级理论知识考试时间为 120 min。

第二节　操作技能考核试卷构成及考核要求

● 操作技能考核的方式和主要内容

中级维修电工操作技能考核采用现场实际操作和现场评分的办法，其中安全文明生产始终贯穿于整个考试过程，每个项目都应考虑安全文明生产的评分。中级维修电工操作技能考核的主要内容有：

1. 设计、安装与调试

（1）进行较复杂继电－接触式控制线路的设计、安装与调试。

（2）用软硬线进行较复杂继电－接触式控制线路的安装与调试。包括直流电动机的启动、控制和制动，交流电动机的双速及制动控制线路。

（3）用可编程控制器进行控制电路的设计、安装与调试。

（4）进行较复杂电子线路的安装与调试。包括分立元件、集成电路、晶闸管电子线路的安装与调试。

2. 常见电气故障检修

（1）较复杂机床电气控制线路的检修。包括 C6150 型车床、M7130 型平面磨床、Z3040 型摇臂钻床和 X62W 型万能铣床等常用机床电气故障的检修。

（2）较复杂电子线路的检修。包括分立元件、集成电路和晶闸管线路等。

（3）较复杂继电－接触式基本控制线路的检修。

3. 仪器、仪表的使用与维护保养

（1）功率表的使用与维护保养。

（2）电桥的使用与维护保养。包括单、双臂电桥的使用，电动机绕组的电阻测量等。

（3）普通示波器的使用与维护保养。包括利用示波器测量各种信号的波形和峰值等。

4. 安全文明生产

安全文明生产贯穿于整个考试过程中。包括劳保用品的穿戴、能否遵守安全规程等。

● 操作技能考核试卷构成

职业技能鉴定国家题库操作技能试卷（中级维修电工）采用由"准备通知单""试卷正文"和"评分记录表"三部分组成的基本结构，分别供考场、考生和考评员使用。

1. 操作技能考核准备通知单

分为鉴定机构准备通知单和考生准备通知单。在考核前分别发给考核现场和考生。主要规定考核所需场地、设备、材料、工具及其他准备要求。

2. 操作技能考核试卷正文

内容为操作技能考核试题，包括试题名称、试题分值、考核时间、考核形式、具体考核要求等。

3. 操作技能考核评分记录表

内容为操作技能考核试题配分与评分标准，用于考评员评分记录。主要包括各项考核内容、考核要点、配分与评分标准、否定项及说明、考核分数加权汇总方法等。必要时包括总分表，即记录考生本次操作技能考核所有试题成绩的汇总表。

● 操作技能考核时间、配分和考核要求

按照《国家职业标准》要求，中级维修电工操作技能考核对于不同考核项目，考核时间和考核要求都有所不同。

一、用软、硬线进行较复杂继电 – 接触式控制线路的安装与调试

常用电动机控制线路的安装方法有板前明线配线、板前线槽配线和板后配线三种。本项目要求考生重点掌握板前线槽配线方法。考生可以按照电路原理图或接线图，遵守线路的规律和配线标准、通电前的检查以及通电试运行等，进行电动机控制线路安装与调试。

1. 考核时间与配分

本项目满分 40 分，考核时间限定在 180 ~ 240 min。

2. 考核要求

（1）按图样的要求，正确利用工具和仪表，熟练地安装电气元件。

（2）元器件在配电板上布置要合理，安装要准确紧固。

（3）接线要求美观、紧固、无毛刺，导线要进入线槽。

（4）电源和电动机配线、按钮接线要接到端子排上，进出线槽的导线要有端子标号，引出端要用别径压端子。在保证人身和设备安全的前提下，通电试验应一次成功。

二、可编程控制器控制电路的安装与调试

可编程控制器简称 PLC，具有可靠性高、编程简单、使用灵活、体积小、重量轻、维修方便等诸多优点，是机电一体化、电气自动化的重要手段和发展方向。考生应根据给定的任务要求或电路原理图，在 PLC 考核电路板上，进行可编程控制器控制电路的安装与调试。

1．考核时间与配分

本项目满分 40 分，考核时间限定在 120 min。

2．考核要求

（1）电路设计：根据任务要求，列出 PLC 控制的 I/O 地址分配表、画出 PLC 控制系统原理图、程序控制梯形图或指令表；

（2）安装与接线：按照画出的 PLC 控制系统原理图，在 PLC 考核电路板上，进行可编程序控制器控制电路的安装与接线，元件布置和安装要合理、准确、紧固，配线导线要美观、紧固，导线要进行线槽、并有端子标号，引出端要用别径压端子；

（3）程序输入与调试：熟练操作 PLC 键盘，能正确地将所编程序输入 PLC，按照被控制设备的动作要求进行模拟调试，达到控制任务的要求；

（4）正确使用电工工具及万用表进行仔细检查，在保证人身和设备安全的前提下，通电试验应一次成功。

三、进行较复杂电子线路的安装与调试

较复杂电子线路的内容综合性强，技术要求高。考生应根据给定的电子线路原理图，在空心铆钉板或万能印刷电路板上，进行电子线路的安装与调试。

1．考核时间与配分

本项目满分 40 分，考核时间限定在 100～120 min。

2．考核要求

（1）正确使用工具和仪表按图布局和焊接，装接质量可靠，装接技术符合工艺要求。

（2）在规定时间内，利用仪器、仪表调试后进行通电试验。

四、常用机床设备电气线路的检修

在维修电工职业技能鉴定操作技能考试中，常用生产设备电气线路的故障判断及修复，可在一种生产设备的电气线路或其模拟线路板上进行。

1．考核时间与配分

本项目满分 40 分，考核时间限定在 45 min。

2．考核要求

（1）对每个故障现象进行调查研究。

（2）在电气控制线路上分析故障可能的原因，思路正确。

（3）正确使用工具和仪表，找出故障点并排除故障。

（4）若操作有误，要从此项总分中扣分。

五、直流电桥、示波器的正确使用与维护

仪器仪表使用不正确，会造成判断上的重大错误并可能产生严重的后果。因此，考生一定要熟悉仪器仪表的正确使用与维护知识，严格执行其安全操作规程。本项目要求掌握用直流单臂、双臂电桥测量电动机、变压器等电器绕组的电阻；要求掌握用示波器

测量各种信号的波形和峰值等。

1．考核时间与配分

本项目满分 10 分，考核时间限定在 10～30 min。

2．考核要求

（1）测量准备工作准确到位。

（2）测量过程准确无误。

（3）测量结果在允许误差范围之内。

（4）对使用的仪器仪表进行简单的维护保养。

六、安全文明生产

在维修电工技能鉴定中，安全文明生产要贯穿于整个考试过程中，忽视或不重视安全文明生产都可能带来严重的后果。因此，考生一定要正确执行安全操作规程的有关要求和相关文明生产的规定。

1．项目配分

本项目满分 10 分，作为必考内容之一，并实行现场评分。

2．考核要求

（1）劳动保护用品穿戴整齐，电工工具携带齐全。

（2）严格遵守操作规程。

（3）尊重考评员，文明礼貌。

（4）考试结束一定要清理现场后再离开考场。

第二部分　理论知识考试练习

一、单项选择题

1. 职业道德是指从事一定职业劳动的人们，在长期的职业活动中形成的（　　）。
   A. 行为规范　　B. 操作程序　　C. 劳动技能　　D. 思维习惯

2. 职业道德是一种（　　）的约束机制。
   A. 强制性　　B. 非强制性　　C. 随意性　　D. 自发性

3. 下列选项中属于职业道德范畴的是（　　）。
   A. 企业经营业绩　　　　　　B. 企业发展战略
   C. 员工的技术水平　　　　　D. 人的内心信念

4. 在市场经济条件下，职业道德具有（　　）的社会功能。
   A. 鼓励人们自由选择职业　　B. 遏制牟利最大化
   C. 促进人们的行为规范化　　D. 最大限度地克服人们受利益驱动

5. 在市场经济条件下，（　　）是职业道德社会功能的重要表现。
   A. 克服利益导向　　　　　　B. 遏制牟利最大化
   C. 增强决策科学化　　　　　D. 促进员工行为的规范化

6. 在企业的经营活动中，下列选项中的（　　）不是职业道德功能的表现。
   A. 激励作用　　B. 决策能力　　C. 规范行为　　D. 遵纪守法

7. 下列选项中属于企业文化功能的是（　　）。
   A. 整合功能　　　　　　　　B. 技术培训功能
   C. 科学研究功能　　　　　　D. 社交功能

8. 为了促进企业的规范化发展，需要发挥企业文化的（　　）功能。
   A. 娱乐　　B. 主导　　C. 决策　　D. 自律

9. 职业道德通过（　　），起着增强企业凝聚力的作用。
   A. 协调员工之间的关系　　　B. 增加职工福利
   C. 为员工创造发展空间　　　D. 调节企业与社会的关系

10. 市场经济条件下，职业道德最终将对企业起到（　　）的作用。
    A. 决策科学化　　　　　　　B. 提高竞争力
    C. 决定经济效益　　　　　　D. 决定前途与命运

11. 职业道德对企业起到（　　）的作用。
    A. 增强员工独立意识　　　　B. 模糊企业上级与员工关系
    C. 使员工规规矩矩做事情　　D. 增强企业凝聚力

12. 正确阐述职业道德与人生事业的关系的选项是（　　）。

A．没有职业道德的人，任何时刻都不会获得成功

B．具有较高的职业道德的人，任何时刻都会获得成功

C．事业成功的人往往并不需要较高的职业道德

D．职业道德是获得人生事业成功的重要条件

13．从业人员在职业活动中做到（　　）是符合语言规范的具体要求的。

A．言语细致，反复介绍　　　　B．语速要快，不浪费客人时间

C．用尊称，不用忌语　　　　　D．语气严肃，维护自尊

14．下列说法中，不符合语言规范具体要求的是（　　）。

A．语感自然，不呆板　　　　　B．用尊称，不用忌语

C．语速适中，不快不慢　　　　D．多使用幽默语言，调节气氛

15．在商业活动中，不符合待人热情要求的是（　　）。

A．严肃待客，表情冷漠　　　　B．主动服务，细致周到

C．微笑大方，不厌其烦　　　　D．亲切友好，宾至如归

16．（　　）是企业诚实守信的内在要求。

A．维护企业信誉　　　　　　　B．增加职工福利

C．注重经济效益　　　　　　　D．开展员工培训

17．职工对企业诚实守信应该做到的是（　　）。

A．忠诚所属企业，无论何种情况都始终把企业利益放在第一位

B．维护企业信誉，树立质量意识和服务意识

C．扩大企业影响，多对外谈论企业之事

D．完成本职工作即可，谋划企业发展由有见识的人来做

18．市场经济条件下，（　　）不违反职业道德规范中关于诚实守信的要求。

A．通过诚实合法劳动，实现利益最大化

B．打进对手内部，增强竞争优势

C．根据交往对象来决定是否遵守承诺

D．凡有利于增大企业利益的行为就做

19．办事公道是指从业人员在进行直接活动时要做到（　　）。

A．追求真理，坚持原则　　　　B．有求必应，助人为乐

C．公私不分，一切平等　　　　D．知人善任，提拔知己

20．坚持办事公道，要努力做到（　　）。

A．公私不分　　B．有求必应　　C．公正公平　　D．全面公开

21．下列事项中属于办事公道的是（　　）。

A．顾全大局，一切听从上级　　B．大公无私，拒绝亲戚求助

C．知人善任，努力培养知己　　D．坚持原则，不计个人得失

22．在日常工作中，对待不同对象，态度应真诚热情（　　）。

A．尊卑有别　　B．女士优先　　C．一视同仁　　D．外宾优先

23．勤劳节俭的现代意义在于（　　）。

A．勤劳节俭是促进经济和社会发展的重要手段

B. 勤劳是现代市场经济需要的，而节俭则不宜提倡

C. 节俭阻碍消费，因而会阻碍市场经济的发展

D. 勤劳节俭只有利于节省资源，但与提高生产效率无关

24. 下列关于勤劳节俭的论述中，正确的选项是（　　）。

    A. 勤劳一定能使人致富　　　　　　B. 勤劳节俭有利于企业持续发展

    C. 新时代需要巧干，不需要勤劳　　D. 新时代需要创造，不需要节俭

25. 下列关于勤劳节俭的论述中，不正确的选项是（　　）。

    A. 企业可提倡勤劳，但不宜提倡节俭

    B. "一分钟应看成是八分钟"

    C. 勤劳节俭符合可持续发展的要求

    D. "节省一块钱，就等于净赚一块钱"

26. 企业创新要求员工努力做到（　　）。

    A. 不能墨守成规，但也不能标新立异

    B. 大胆地破除现有的结论，自创理论体系

    C. 大胆地试大胆地闯，敢于提出新问题

    D. 激发人的灵感，遏制冲动和情感

27. 企业生产经营活动中，要求员工遵纪守法是（　　）。

    A. 约束人的体现　　　　　　　　　B. 保证经济活动正常进行所决定的

    C. 领导者人为的规定　　　　　　　D. 追求利益的体现

28. 职业纪律是从事这一职业的员工应该共同遵守的行为准则，它包括的内容有（　　）。

    A. 交往规则　　　B. 操作程序　　　C. 群众观念　　　D. 外事纪律

29. 爱岗敬业作为职业道德的重要内容，是指员工（　　）。

    A. 热爱自己喜欢的岗位　　　　　　B. 热爱有钱的岗位

    C. 强化职业责任　　　　　　　　　D. 不应多转行

30. 爱岗敬业的具体要求是（　　）。

    A. 看效益决定是否爱岗　　　　　　B. 转变择业观念

    C. 提高职业技能　　　　　　　　　D. 增强把握择业的机遇意识

31. 对待职业和岗位，（　　）并不是爱岗敬业所要求的。

    A. 树立职业理想　　　　　　　　　B. 干一行爱一行专一行

    C. 遵守企业的规章制度　　　　　　D. 一职定终身，绝对不改行

32. 市场经济条件下，不符合爱岗敬业要求的是（　　）的观念。

    A. 树立职业理想　　　　　　　　　B. 强化职业责任

    C. 干一行爱一行　　　　　　　　　D. 多转行多跳槽

33. 严格执行安全操作规程的目的是（　　）。

    A. 限制工人的人身自由

    B. 企业领导刁难工人

    C. 保证人身和设备的安全以及企业的正常生产

    D. 增强领导的权威性

34. 下面关于严格执行安全操作规程的描述，错误的是（　　　）。
    A. 每位员工都必须严格执行安全操作规程
    B. 单位的领导不需要严格执行安全操作规程
    C. 严格执行安全操作规程是维持企业正常生产的根本保证
    D. 不同行业安全操作规程的具体内容是不同的

35. 工作认真负责是（　　　）。
    A. 衡量员工职业道德水平的一个重要方面
    B. 提高生产效率的障碍
    C. 一种思想保守的观念
    D. 胆小怕事的做法

36. 下面所描述的事情中属于工作认真负责的是（　　　）。
    A. 领导说什么就做什么
    B. 下班前做好安全检查
    C. 为了提高产量，减少加工工序
    D. 遇到不能按时上班的情况，请人代签到

37. 下面所描述的事情中不属于工作认真负责的是（　　　）。
    A. 领导说什么就做什么
    B. 下班前做好安全检查
    C. 上班前做好充分准备
    D. 工作中集中注意力

38. 企业生产经营活动中，促进员工之间团结合作的措施是（　　　）。
    A. 互利互惠，平均分配
    B. 加强交流，平等对话
    C. 只要合作，不要竞争
    D. 人心叵测，谨慎行事

39. 企业员工在生产经营活动中，不符合团结合作要求的是（　　　）。
    A. 真诚相待，一视同仁
    B. 互相借鉴，取长补短
    C. 男女有序，尊卑有别
    D. 男女平等，友爱亲善

40. 养成爱护企业设备的习惯，（　　　）。
    A. 在企业经营困难时，是很有必要的
    B. 对提高生产效率是有害的
    C. 对于效益好的企业，是没必要的
    D. 是体现了职业道德和职业素质的一种重要方面

41. 电工的工具种类很多，（　　　）。
    A. 只要保管好贵重的工具就行了
    B. 价格低的工具可以多买一些，丢了也不可惜
    C. 要分类保管好
    D. 工作中，能拿到什么工具就用什么工具

42. 对自己所使用的工具，（　　　）。
    A. 每天都要清点数量，检查完好性
    B. 可以带回家借给邻居使用
    C. 丢失后，可以让单位再买

　　D. 找不到时，可以拿其他员工的

43. 制止损坏企业设备的行为，（　　）。
　　A. 只是企业领导的责任
　　B. 对普通员工没有要求
　　C. 是每一位员工和领导的责任和义务
　　D. 不能影响员工之间的关系

44. 从业人员在职业交往活动中，符合仪表端庄具体要求的是（　　）。
　　A. 着装华贵　　　　　　　　　B. 适当化妆或戴饰品
　　C. 饰品俏丽　　　　　　　　　D. 发型要突出个性

45. 下面说法中正确的是（　　）。
　　A. 上班穿什么衣服是个人的自由
　　B. 服装价格的高低反映了员工的社会地位
　　C. 上班时要按规定穿整洁的工作服
　　D. 女职工应该穿漂亮的衣服上班

46. 职工上班时不符合着装整洁要求的是（　　）。
　　A. 夏天天气淡然时可以只穿背心
　　B. 不穿奇装异服上班
　　C. 保持工作服的干净和整洁
　　D. 按规定工作服上班

47. 文明生产的内部条件主要指生产有节奏、（　　）、物流安排科学合理。
　　A. 增加产量　　B. 均衡生产　　C. 加班加点　　D. 加强竞争

48. 生产环境的整洁卫生是（　　）的重要方面。
　　A. 降低效率　　B. 文明生产　　C. 提高效率　　D. 增加产量

49. 有关文明生产的说法，（　　）是正确的。
　　A. 为了及时下班，可以直接拉断电源总开关
　　B. 下班时没有必要搞好工作现场的卫生
　　C. 工具使用后应按规定放置到工具箱中
　　D. 电工工具不全时，可以冒险带电作业

50. 不符合文明生产要求的做法是（　　）。
　　A. 爱惜企业的设备、工具和材料
　　B. 下班前搞好工作现场的环境卫生
　　C. 工具使用后按规定放置到工具箱中
　　D. 冒险带电作业

51. 一般电路由（　　）、负载和中间环节三个基本部分组成。
　　A. 电线　　　　B. 电压　　　　C. 电流　　　　　D. 电源

52. 电路的作用是实现（　　）的传输和转换、信号的传递和处理。
　　A. 能量　　　　B. 电流　　　　C. 电压　　　　D. 电能

53. 电流流过负载时，负载将电能转换成（　　）。

　　A. 机械能　　　　B. 热能　　　　　C. 光能　　　　　D. 其他形式的能

54.（　　）反映导体对电流起阻碍作用的大小。

　　A. 电动势　　　B. 功率　　　　　C. 电阻率　　　　D. 电阻

55. 在一定温度时，金属导线的电阻与（　　）成正比、与截面积成反比，与材料电阻率有关。

　　A. 长度　　　　B. 材料种类　　　C. 电压　　　　　D. 粗细

56. 电阻器反映（　　）对电流起阻碍作用的大小。

　　A. 电阻率　　　B. 导体　　　　　C. 长度　　　　　D. 截面积

57. 电阻器反映导体对电流起阻碍作用的大小，简称电阻，用字母（　　）表示。

　　A. R　　　　　B. ρ　　　　　　　C. Ω　　　　　　D. P

58. 绝缘材料的电阻受（　　）、水分、灰尘等影响较大。

　　A. 温度　　　　B. 干燥　　　　　C. 材料　　　　　D. 电源

59. 全电路欧姆定律指出：电路中的电流由电源（　　）、内阻和负载电阻决定。

　　A. 功率　　　　B. 电压　　　　　C. 电阻　　　　　D. 电动势

60. 部分电路欧姆定律反映了在（　　）的一段电路中，电流与这段电路两端的电压及电阻的关系。

　　A. 含电源　　　　　　　　　　　B. 不含电源

　　C. 含电源和负载　　　　　　　　D. 不含电源和负载

61. 线性电阻与所加（　　）、流过的电流无关。

　　A. 功率　　　　B. 电压　　　　　C. 电阻率　　　　D. 电动势

62.（　　）的方向规定由高电位点指向低电位点。

　　A. 电压　　　　B. 电流　　　　　C. 能量　　　　　D. 电能

63.（　　）的方向规定由该点指向参考点。

　　A. 电压　　　　B. 电位　　　　　C. 能量　　　　　D. 电能

64. 电位是（　　），随参考点的改变而改变，而电压是绝对量，不随参考点的改变而改变。

　　A. 常量　　　　B. 变量　　　　　C. 绝对量　　　　D. 相对量

65.（　　）的电阻首尾依次相连，中间无分支的连接方式叫电阻的串联。

　　A. 两个或两个以上　　　　　　　B. 两个

　　C. 两个以上　　　　　　　　　　D. 一个或一个以上

66. 串联电阻的分压作用是阻值越大电压越（　　）。

　　A. 小　　　　　B. 大　　　　　　C. 增大　　　　　D. 减小

67. 串联电路中流过每个电阻的电流都（　　）。

　　A. 电流之和　　　　　　　　　　B. 相等

　　C. 等于各电阻流过的电流之和　　D. 分配的电流与各电阻值成正比

68. 若干电阻（　　）后的等效电阻值比每个电阻值大。

　　A. 串联　　　　B. 混联　　　　　C. 并联　　　　　D. 星形－三角形

69. 有"220 V、100 W"和"220 V、25 W"白炽灯各一盏，串联后接入220 V交

流电源，其亮度情况是（　　）。
    A. 100 W 灯泡亮   B. 25 W 灯泡亮
    C. 两只灯泡一样亮   D. 两只灯泡一样暗

70. 在 RL 串联电路中，$U_R = 16$ V，$U_L = 12$ V，则总电压为（　　）V。
    A. 28   B. 20   C. 2   D. 4

71. 并联电路中加在每个电阻两端的电压都（　　）。
    A. 不等   B. 相等
    C. 等于各电阻上电压之和   D. 分配的电流与各电阻值成正比

72. 并联电路中的总电流等于各电阻中的（　　）。
    A. 倒数之和   B. 相等
    C. 电流之和   D. 分配的电流与各电阻值成正比

73. （　　）的一端连在电路中的一点，另一端也同时连在另一点，使每个电阻两端都承受相同的电压，这种连接方式叫电阻的并联。
    A. 两个相同电阻   B. 一大一小电阻
    C. 几个相同大小的电阻   D. 几个电阻

74. 按照功率表的工作原理，所测得的数据是被测电路中的（　　）。
    A. 有功功率   B. 无功功率   C. 视在功率   D. 瞬时功率

75. 电功的常用实用的单位有（　　）。
    A. 焦耳   B. 伏安   C. 度   D. 瓦

76. 电功率的常用单位有（　　）。
    A. 焦耳   B. 伏安   C. 欧姆   D. 瓦、千瓦、毫瓦

77. 支路电流法是以支路电流为变量列写节点电流方程及（　　）方程。
    A. 回路电压   B. 电路功率   C. 电路电流   D. 回路电位

78. 基尔霍夫定律的（　　）是绕回路一周电路元件电压变化为零。
    A. 回路电压定律   B. 电路功率平衡
    C. 电路电流定律   D. 回路电位平衡

79. 电路节点是（　　）连接点。
    A. 两条支路   B. 三条支路
    C. 三条或三条以上支路   D. 任意支路

80. 基尔霍夫定律的节点电流定律也适合任意（　　）。
    A. 封闭面   B. 短路   C. 开路   D. 连接点

81. 电容器上标注的符号 2μ2，表示该电容数值为（　　）。
    A. 0.2 μ   B. 2.2 μ   C. 22 μ   D. 0.22 μ

82. 电容器上标注的符号 224 表示其容量为 22×10^4（　　）。
    A. F   B. μF   C. mF   D. pF

83. 使用电解电容时（　　）。
    A. 负极接高电位，正极接低电位
    B. 正极接高电位，负极接低电位

C. 负极接高电位，负极也可以接高电位

D. 不分正负极

84. 电容器串联时每个电容器上的电荷量（　　）。

    A. 之和　　　　　B. 相等　　　　　C. 倒数之和　　　　D. 成反比

85. 电容器并联时总电荷量等于各电容器上的电荷量（　　）。

    A. 相等　　　　　B. 倒数之和　　　C. 成反比　　　　　D. 之和

86. 电容两端的电压滞后电流（　　）。

    A. 30°　　　　　B. 90°　　　　　C. 180°　　　　　D. 360°

87. 单位面积上垂直穿过的磁感线数叫作（　　）。

    A. 磁通或磁通量　B. 磁导率　　　　C. 磁感应强度　　D. 磁场强度

88. 磁导率 μ 的单位为（　　）。

    A. H/m　　　　　B. H·m　　　　　C. T/m　　　　　D. Wb·m

89. 把垂直穿过磁场中某一截面的磁感线条数叫作磁通或磁通量，单位为（　　）。

    A. T　　　　　　B. Φ　　　　　　C. H/m　　　　　D. A/m

90. 当直导体和磁场垂直时，与直导体在磁场中的有效长度、所在位置的磁感应强度成（　　）。

    A. 相等　　　　　B. 相反　　　　　C. 正比　　　　　D. 反比

91. 当直导体和磁场垂直时，电磁力的大小与直导体电流大小成（　　）。

    A. 反比　　　　　B. 正比　　　　　C. 相等　　　　　D. 相反

92. 通电直导体在磁场中所受力方向，可以通过（　　）来判断。

    A. 右手定则、左手定则　　　　　B. 楞次定律

    C. 右手定则　　　　　　　　　　D. 左手定则

93. 通电导体在磁场中所受的作用力称为电磁力，用（　　）表示。

    A. F　　　　　　B. B　　　　　　C. I　　　　　　D. L

94. 在（　　），磁感线由 S 极指向 N 极。

    A. 磁场外部　　　　　　　　　　B. 磁体内部

    C. 磁场两端　　　　　　　　　　D. 磁场一端到另一端

95. 在（　　），磁感线由 N 极指向 S 极。

    A. 磁体外部　　　　　　　　　　B. 磁场内部

    C. 磁场两端　　　　　　　　　　D. 磁场一端到另一端

96. 磁场内各点的磁感应强度大小相等、方向相同，则称为（　　）。

    A. 均匀磁场　　　B. 匀速磁场　　　C. 恒定磁场　　　D. 交变磁场

97. 铁磁性质在反复磁化过程中的 B－H 关系是（　　）。

    A. 起始磁化曲线　　　　　　　　B. 磁滞回线

    C. 基本磁化曲线　　　　　　　　D. 局部磁滞回线

98. 铁磁材料在磁化过程中，当外加磁场 H 不断增加，而测得的磁场强度几乎不变的性质称为（　　）。

    A. 磁滞性　　　　B. 剩磁性　　　　C. 高导磁性　　　D. 磁饱和性

99. 变化的磁场能够在导体中产生感应电动势，这种现象叫作（　　）。
    A. 电磁感应　　　B. 电磁感应强度　　C. 磁导率　　　D. 磁场强度

100. 穿越线圈回路的磁通发生变化时，线圈两端就产生（　　）。
    A. 电磁感应　　　B. 感应电动势　　　C. 磁场　　　D. 电磁感应强度

101. 当线圈中的磁通增加时，感应电流产生的磁通与原磁通方向（　　）。
    A. 正比　　　　B. 反比　　　C. 相反　　　D. 相同

102. 当线圈中的磁通减小时，感应电流产生的磁通与原磁通方向（　　）。
    A. 正比　　　　B. 反比　　　C. 相反　　　D. 相同

103. 正弦交流电常用的表达方法有（　　）。
    A. 解析式表示法　B. 波形图表示法　C. 相量表示法　　D. 以上都是

104. 一般在交流电的解析式中所出现的 α，都是指（　　）。
    A. 电角度　　　B. 感应电动势　　C. 角速度　　　D. 正弦电动势

105. 正弦量有效值与最大值之间的关系，正确的是（　　）。
    A. $E = E_m / \sqrt{2}$　　B. $U = U_m / 2$　　C. $I_{av} = 2/\pi \times E_m$　　D. $E_{av} = E_m / 2$

106. 已知工频正弦电压有效值和初始值均为 380 V，则该电压的瞬时值表达式为（　　）V。
    A. $u = \sin 314t$
    B. $u = 537 \sin (314t + 45°)$
    C. $u = 380 \sin (314t + 90°)$
    D. $u = 380 \sin (314t + 45°)$

107. 已知 $i_1 = 10 \sin (314t + 90°)$ A，$i_2 = 10 \sin (628t + 30°)$ A 则（　　）。
    A. i_1 超前 i_2 60°
    B. i_1 滞后 i_2 60°
    C. i_1 超前 i_2 90°
    D. 相位差无法判断

108. 串联正弦交流电路的视在功率表征了该电路的（　　）。
    A. 电路中总电压有效值与电流有效值的乘积
    B. 平均功率
    C. 瞬时功率最大值
    D. 无功功率

109. 纯电容正弦交流电路中，电压有效值不变，当频率增大时，电路中电流将（　　）。
    A. 增大　　　　B. 减小　　　C. 不变　　　D. 不定

110. RLC 串联电路在 f_0 时发生谐振，当频率增加到 $2f_0$ 时，电路性质呈（　　）。
    A. 电阻性　　　B. 电感性　　　C. 电容性　　　D. 不定

111. 当电阻值为 8.66 Ω 的电阻与感抗为 5 Ω 的电感串联时，电路的功率因数为（　　）。
    A. 0.5　　　　B. 0.866　　　C. 1　　　　D. 0.6

112. 三相电动势到达最大的顺序是不同的，这种达到最大值的先后次序，称三相电源的相序，相序为 U－V－W－U，称为（　　）。
    A. 正序　　　　B. 负序　　　C. 逆序　　　D. 相序

113. 三相对称电路是指（　　）。

A. 三相电源对称的电路

B. 三相负载对称的电路

C. 三相电源和三相负载都是对称的电路

D. 三相电源对称和三相负载阻抗相等的电路

114. 三相对称电路的线电压比对应相电压（   ）。

    A. 超前 30°   B. 超前 60°   C. 滞后 30°   D. 滞后 60°

115. 三相发电机绕组接成三相四线制，测得三个相电压 $U_U = U_V = U_W = 220$ V，三个线电压 $U_{UV} = 380$ V，$U_{VW} = U_{WU} = 220$ V，这说明（   ）。

    A. U 相绕组接反了   B. V 相绕组接反了

    C. W 相绕组接反了   D. 中性线断开了

116. 对称三相电路负载三角形联结，电源线电压为 380 V，负载复阻抗为 $Z = (8 + 6j)$ Ω，则线电流为（   ）A。

    A. 38   B. 22   C. 54   D. 66

117. 一对称三相负载，先后用两种接法接入同一源中，则三角形联结时的有功功率等于星形联结时的（   ）倍。

    A. 3   B. $\sqrt{3}$ C. $\sqrt{2}$ D. 1

118. 一台电动机绕组是星形联结，接到线电压为 380 V 的三相电源上，测得线电流为 10 A，则电动机每相绕组的阻抗值为（   ）Ω。

    A. 38   B. 22   C. 66   D. 11

119. 有一台三相交流电动机，每相绕组的额定电压为 220 V，对称三相电源的线电压为 380 V，则电动机的三相绕组应采用的联结方式是（   ）。

    A. 星形联结，有中线   B. 星形联结，无中线

    C. 三角形联结   D. A、B 均可

120. 将变压器的一次绕组接交流电源，二次绕组（   ），这种运行方式称为变压器空载运行。

    A. 短路   B. 开路   C. 接负载   D. 通路

121. 变压器的基本作用是在交流电路中变电压、（   ）、变阻抗、变相位和电气隔离。

    A. 变磁通   B. 变电流   C. 变功率   D. 变频率

122. 变压器是将一种交流电转换成同频率的另一种（   ）的静止设备。

    A. 直流电   B. 交流电   C. 大电流   D. 小电流

123. 变压器的器身主要由（   ）和绕组两部分所组成。

    A. 定子   B. 转子   C. 磁通   D. 铁芯

124. 变压器的铁芯可以分为（   ）和芯式两大类。

    A. 同心式   B. 交叠式   C. 壳式   D. 笼式

125. 三相异步电动机具有（   ）、工作可靠、重量轻、价格低等优点。

    A. 结构简单   B. 调速性能好   C. 结构复杂   D. 交直流两用

126. 三相异步电动机的优点是（   ）。

A. 调速性能好　　B. 交直流两用　　　C. 功率因数高　　　D. 结构简单

127. 三相异步电动机的缺点是（　　）。

　　A. 结构简单　　　B. 重量轻　　　　C. 调速性能差　　　D. 转速低

128. 三相异步电动机的定子为机座、定子铁芯、定子绕组、（　　）、接线盒等组成。

　　A. 电刷　　　　　B. 换向器　　　　C. 端盖　　　　　　D. 转子

129. 三相异步电动机的转子由（　　）、转子绕组、风扇、转轴等组成。

　　A. 转子铁芯　　　B. 机座　　　　　C. 端盖　　　　　　D. 电刷

130. 电流流过电动机时，电动机将电能转换成（　　）。

　　A. 机械能　　　　B. 热能　　　　　C. 光能　　　　　　D. 其他形式的能

131. 三相异步电动机的定子绕组中通入三相对称交流电，产生（　　）。

　　A. 恒定磁场　　　B. 脉振磁场　　　C. 旋转磁场　　　　D. 交变磁场

132. 三相异步电动机工作时，其电磁转矩是由（　　）与转子电流共同作用产生的。

　　A. 定子电流　　　B. 电源电压　　　C. 旋转磁场　　　　D. 转子电压

133. 笼型异步电动机启动时冲击电流大，是因为启动时（　　）。

　　A. 电动机转子绕组电动势大　　　　B. 电动机温度低

　　C. 电动机定子绕组频率低　　　　　D. 电动机的启动转矩大

134. 三相刀开关的图形符号与交流接触器的主触点符号是（　　）。

　　A. 一样的　　　　B. 可以互换　　　C. 有区别的　　　　D. 没有区别

135. 刀开关的文字符号是（　　）。

　　A. QS　　　　　　B. SQ　　　　　　C. SA　　　　　　　D. KM

136. 行程开关的文字符号是（　　）。

　　A. QS　　　　　　B. SQ　　　　　　C. SA　　　　　　　D. KM

137. 交流接触器的文字符号是（　　）。

　　A. QS　　　　　　B. SQ　　　　　　C. SA　　　　　　　D. KM

138. 熔断器的作用是（　　）。

　　A. 短路保护　　　B. 过载保护　　　C. 失压保护　　　　D. 零压保护

139. 热继电器的作用是（　　）。

　　A. 短路保护　　　B. 过载保护　　　C. 失压保护　　　　D. 零压保护

140. 交流接触器的作用是可以（　　）接通和断开负载。

　　A. 频繁地　　　　B. 偶尔　　　　　C. 手动　　　　　　D. 不需

141. 三相异步电动机的启停控制线路由电源开关、熔断器、（　　）、热继电器、按钮等组成。

　　A. 时间继电器　　B. 速度继电器　　C. 交流接触器　　　D. 漏电保护器

142. 三相异步电动机的启停控制线路中需要有（　　）、过载保护和失压保护功能。

　　A. 短路保护　　　B. 超速保护　　　C. 失磁保护　　　　D. 零速保护

143. 维修电工以（　　　）、安装接线图和平面布置图最为重要。
　　　A. 电气原理图　　B. 电气设备图　　　C. 电气安装图　　　D. 电气组装图

144. P 型半导体是在本征半导体（硅、锗；四价）中加入微量的（　　　）元素构成的。
　　　A. 三价（硼）　　B. 四价　　　　　　C. 五价（磷）　　　D. 六价

145. 点接触型二极管应用于（　　　）。
　　　A. 整流　　　　　B. 稳压　　　　　　C. 开关　　　　　　D. 光敏

146. 双极型半导体器件是（　　　）。
　　　A. 二极管　　　　B. 三极管　　　　　C. 场效应管　　　　D. 稳压管

147. 用万用表检测某二极管时，发现其正、反电阻均约等于 1 kΩ，说明该二极管（　　　）。
　　　A. 已经击穿　　　B. 完好状态　　　　C. 内部老化不通　　D. 无法判断

148. 当二极管外加电压时，反向电流很小，且不随（　　　）变化。
　　　A. 正向电流　　　B. 正向电压　　　　C. 电压　　　　　　D. 反向电压

149. 当二极管外加的正向电压超过死区电压时，电流随电压增加而迅速（　　　）。
　　　A. 增加　　　　　B. 减少　　　　　　C. 截止　　　　　　D. 饱和

150. 稳压二极管的正常工作状态是（　　　）。
　　　A. 导通状态　　　B. 截止状态　　　　C. 反向击穿状态　　D. 任意状态

151. 稳压管虽然工作在反向击穿区，但只要（　　　）不超过允许值，PN 结不会过热而损坏。
　　　A. 电压　　　　　B. 反向电压　　　　C. 电流　　　　　　D. 反向电流

152. 三极管是由三层半导体材料组成的。有三个区域，中间的一层为（　　　）。
　　　A. 基区　　　　　B. 栅区　　　　　　C. 集电区　　　　　D. 发射区

153. 三极管的功率大于等于（　　　）为大功率管。
　　　A. 1 W　　　　　B. 0.5 W　　　　　C. 2 W　　　　　　D. 1.5 W

154. 处于截止状态的三极管，其工作状态为（　　　）。
　　　A. 发射结正偏，集电结反偏　　　　　B. 发射结反偏，集电结反偏
　　　C. 发射结正偏，集电结正偏　　　　　D. 发射结反偏，集电结正偏

155. 若使三极管具有电流放大能力，必须满足的外部条件是（　　　）。
　　　A. 发射结正偏、集电结正偏　　　　　B. 发射结反偏、集电结反偏
　　　C. 发射结正偏、集电结反偏　　　　　D. 发射结反偏、集电结正偏

156. 基本放大电路中，经过晶体管的信号有（　　　）。
　　　A. 直流成分　　　B. 交流成分　　　　C. 交直流成分　　　D. 高频成分

157. 基极电流 i_B 的数值较大时，易引起静态工作点 Q 接近（　　　）。
　　　A. 截止区　　　　B. 饱和区　　　　　C. 死区　　　　　　D. 交越失真

158. 面接触型二极管应用于（　　　）。
　　　A. 整流　　　　　B. 稳压　　　　　　C. 开关　　　　　　D. 光敏

159. 单相桥式整流电路的变压器二次电压为 20 V，每个整流二极管所承受的最大

反向电压为（　　　）V。

  A．20 V   B．28.28 V   C．40 V   D．56.56 V

160．电工指示仪表按仪表测量机构的结构和工作原理分，有（　　　）等。

  A．直流仪表和电压表

  B．电流表和交流仪表

  C．磁电系仪表和电动系仪表

  D．安装式仪表和可携带式仪表

161．根据仪表测量对象的名称分为（　　　）等。

  A．电压表、电流表、功率表、电度表

  B．电压表、欧姆表、示波器

  C．电流表、电压表、信号发生器

  D．功率表、电流表、示波器

162．根据仪表取得读数的方法可分为（　　　）。

  A．指针式   B．数字式   C．记录式   D．以上都是

163．测量交流电压时应选用（　　　）电压表。

  A．磁电系   B．电磁系   C．电磁系或电动系D．整流系

164．电子仪器按（　　　）可分为模拟式电子仪器和数字式电子仪器等。

  A．功能   B．工作频段   C．工作原理   D．操作方式

165．电子仪器按（　　　）可分为简易测量仪表，精密测量仪器，高精度测量仪器。

  A．功能   B．工作频段   C．工作原理   D．测量精度

166．若被测电流不超过测量机构的允许值，可将表头直接与负载（　　　）。

  A．正接   B．反接   C．串联   D．并联

167．测量直流电流时应注意电流表的（　　　）。

  A．量程   B．极性   C．量程及极性   D．误差

168．测量电压时应将电压表（　　　）电路。

  A．串联接入   B．并联接入

  C．并联接入或串联接入   D．混联接入

169．测量直流电压时应注意电压表的（　　　）。

  A．量程   B．极性   C．量程及极性   D．误差

170．使用万用表时，把电池装入电池夹内，把两根测试表棒分别插入插座中，（　　　）。

  A．红的插入"＋"插孔，黑的插入"＊"插孔内

  B．黑的插入"＋"插孔，红的插入"＊"插孔内

  C．红的插入"＋"插孔，黑的插入"—"插孔内

  D．红的插入"—"插孔，黑的插入"＊"插孔内

171．用万用表的直流电流挡测直流电流时，将万用表串接在被测电路中，并且（　　　）。

  A．红表棒接电路的高电位端，黑表棒接电路的低电位端

  B. 黑表棒接电路的高电位端，红表棒接电路的低电位端

  C. 红表棒接电路的正电位端，黑表棒接电路的负电位端

  D. 红表棒接电路的负电位端，黑表棒接电路的正电位端

172. 用万用表测电阻时，每个电阻挡都要调零，如调零不能调到欧姆零位，说明（　　）。

  A. 电源电压不足应换电池　　　　B. 电池极性接反

  C. 万用表欧姆挡已坏　　　　　　D. 万用表调零功能已坏

173. 用万用表测量电阻值时，应使指针指示在（　　）。

  A. 欧姆刻度最右　　　　　　　　B. 欧姆刻度最左

  C. 欧姆刻度中心附近　　　　　　D. 欧姆刻度三分之一处

174. 在测量额定电压为 500 V 以上的电气设备的绝缘电阻时，应选用额定电压为（　　）的绝缘电阻表。

  A. 500 V　　　B. 1 000 V　　　C. 2 500 V　　　D. 2 500 V 以上

175. 测量额定电压在 500 V 以下的设备或线路的绝缘电阻时，选用电压等级为（　　）V。

  A. 380　　　　B. 400　　　　C. 500 或 1 000　　　D. 220

176. 使用兆欧表时，下列做法不正确的是（　　）。

  A. 测量电气设备绝缘电阻时，可以带电测量电阻

  B. 测量时兆欧表应放在水平位置上，未接线前先转动兆欧表做开路实验，看指针是否在"∞"处，再把 L 和 E 短接，轻摇发电机，看指针是否为"0"，若开路指"∞"，短路指"0"，说明兆欧表是好的。

  C. 兆欧表测完后应立即使被测物放电

  D. 测量时摇动手柄的速度由慢逐渐加快，并保持 120 r/min 左右的转速 1 min 左右，这时的读数较为准确

177. 拧螺钉时应该选用（　　）。

  A. 规格一致的旋具　　　　　　　B. 规格大一号的旋具，省力气

  C. 规格小一号的旋具，效率高　　D. 全金属的旋具，防触电

178. 使用旋具拧螺钉时要（　　）。

  A. 先用力旋转，再插入螺钉槽口

  B. 始终用力旋转

  C. 先确认插入螺钉槽口，再用力旋转

  D. 不停地插拔和旋转

179. 拧螺钉时应先确认旋具插入槽口，旋转时用力（　　）。

  A. 越小越好　　B. 不能过猛　　C. 越大越好　　D. 不断加大

180. 用旋具拧紧可能带电的螺钉时，手指应该（　　）旋具的金属部分。

  A. 接触　　　　B. 压住　　　　C. 抓住　　　　D. 不接触

181. 钢丝钳（电工钳子）一般用在（　　）操作的场合。

  A. 低温　　　　B. 高温　　　　C. 带电　　　　D. 不带电

182. 扳手的手柄长度越短，使用起来越（　　）。
  A. 麻烦   B. 轻松   C. 省力   D. 费力

183. 扳手的手柄越长，使用起来越（　　）。
  A. 省力   B. 费力   C. 方便   D. 便宜

184. 喷灯的加油、放油和维修应在喷灯（　　）进行。
  A. 燃烧时 B. 燃烧或熄灭后 C. 熄火后 D. 高温时

185. 喷灯点火时，（　　）严禁站人。
  A. 喷灯左侧 B. 喷灯前 C. 喷灯右侧 D. 喷嘴后

186. 喷灯打气加压时，要检查并确认进油阀可靠地（　　）。
  A. 关闭   B. 打开   C. 打开一点 D. 打开或关闭

187. 喷灯使用完毕，应将剩余的燃料油（　　），将喷灯污物擦除后，妥善保管。
  A. 烧净   B. 保存在油壶内 C. 倒掉   D. 倒出回收

188. 千分尺一般用于测量（　　）的尺寸。
  A. 小器件 B. 大器件 C. 建筑物 D. 电动机

189. 测量前需要将千分尺（　　）擦拭干净后检查零位是否正确。
  A. 固定套筒 B. 测量面 C. 微分筒 D. 测微螺杆

190. 选用量具时，不能用千分尺测量（　　）的表面。
  A. 精度一般 B. 精度较高 C. 精度较低 D. 粗糙

191. 裸导线一般用于（　　）。
  A. 室内布线 B. 室外架空线 C. 水下布线 D. 高压布线

192. 绝缘导线是有（　　）的导线。
  A. 潮湿   B. 干燥   C. 绝缘包皮 D. 氧化层

193. 导线截面的选择通常是由发热条件、机械强度、（　　）、电压损失和安全载流量等因素决定的。
  A. 电流密度 B. 绝缘强度 C. 磁通密度 D. 电压高低

194. 常用的绝缘材料包括：气体绝缘材料、（　　）和固体绝缘材料。
  A. 木头   B. 玻璃   C. 胶木   D. 液体绝缘材料

195. 选用绝缘材料时应该从电气性能、机械性能、（　　）、化学性能、工艺性能及经济性等方面来进行考虑。
  A. 电流大小 B. 磁场强弱 C. 气压高低 D. 热性能

196. 各种绝缘材料的（　　）的各种指标是抗张、抗压、抗弯、抗剪、抗撕、抗冲击等各种强度指标。
  A. 接绝缘电阻 B. 击穿强度 C. 机械强度 D. 耐热性

197. 本安防爆型电路及其外部配线用的电缆或绝缘导线的耐压强度应选用电路额定电压的2倍，最低为（　　）V。
  A. 500   B. 400   C. 300   D. 800

198. 非本安防爆型电路及其外部配线用的电缆或绝缘导线的耐压强度最低为（　　）V。

A. 1 000　　　　B. 1 500　　　　C. 3 000　　　　D. 500

199. 永磁材料的主要分类有金属永磁材料、（　　）、其他永磁材料。

A. 硅钢片　　　B. 铁氧体永磁材料C. 钢铁　　　　D. 铝

200. 软磁材料的主要分类有铁氧体软磁材料、（　　）、其他软磁材料。

A. 不锈钢　　　B. 铜合金　　　C. 铝合金　　　D. 金属软磁材料

201. 电磁铁的铁芯应该选用（　　）。

A. 软磁材料　　B. 永磁材料　　C. 硬磁材料　　D. 永久材料

202. （　　）是人体能感觉有电的最小电流。

A. 感知电流　　B. 触电电流　　C. 伤害电流　　D. 有电电流

203. （　　）mA 的工频电流通过人体时，人体尚可摆脱，称为摆脱电流。

A. 0.1　　　　B. 2　　　　C. 4　　　　D. 10

204. （　　）mA 的工频电流通过人体时，就会有生命危险。

A. 0.1　　　　B. 1　　　　C. 15　　　　D. 50

205. 当流过人体的电流达到（　　）mA 时，就足以使人死亡。

A. 0.1　　　　B. 10　　　　C. 20　　　　D. 100

206. 在超高压线路下或设备附近站立或行走的人，往往会感到（　　）。

A. 不舒服、电击　　　　　　B. 刺痛感、毛发耸立

C. 电伤、精神紧张　　　　　D. 电弧烧伤

207. 电击是电流通过人体内部，破坏人的（　　）。

A. 内脏组织　　B. 肌肉　　　C. 关节　　　D. 脑组织

208. 当人体触及（　　）可能导致电击的伤害。

A. 带电导线　　　　　　　　B. 漏电设备的外壳和其他带电体

C. 雷击或电容放电　　　　　D. 以上都是

209. 直接接触触电包括（　　）。

A. 单相触电　　B. 两相触电　　C. 电弧伤害　　D. 以上都是

210. 如果人体直接接触带电设备及线路的一相时，电流通过人体而发生的触电现象称为（　　）。

A. 单相触电　　B. 两相触电　　C. 接触电压触电　D. 跨步电压触电

211. 在供电为短路接地的电网系统中，人体触及外壳带电设备的一点同站立地面一点之间的电位差称为（　　）。

A. 单相触电　　B. 两相触电　　C. 接触电压触电　D. 跨步电压触电

212. 跨步电压触电，触电者的症状是（　　）。

A. 脚发麻　　　　　　　　　B. 脚发麻、抽筋并伴有跌倒在地

C. 腿发麻　　　　　　　　　D. 以上都是

213. 如果触电者伤势较重，已失去知觉，但心跳和呼吸还存在，应使（　　）。

A. 触电者舒适，安静地平坦

B. 周围不围人，使空气流通

C. 解开伤者的衣服以利呼吸，并速请医生前来或送往医院

D. 以上都是

214. 如果触电伤者严重，呼吸停止应立即进行人工呼吸，其频率为（   ）。
    A. 约12次/min   B. 约20次/min
    C. 约8次/min   D. 约25次/min

215. 高压设备室内不得接近故障点（   ）m以内。
    A. 1   B. 2   C. 3   D. 4

216. 机床照明、移动行灯等设备，使用的安全电压为（   ）V。
    A. 9   B. 12   C. 24   D. 36

217. 特别潮湿场所的电气设备使用时的安全电压为（   ）V。
    A. 9   B. 12   C. 24   D. 36

218. 凡工作地点狭窄、工作人员活动困难，周围有大面积接地导体或金属构架，因而存在高度触电危险的环境以及特别的场所，则使用时的安全电压为（   ）V。
    A. 9   B. 12   C. 24   D. 36

219. 手持电动工具使用时的安全电压为（   ）V。
    A. 9   B. 12   C. 24   D. 36

220. 危险环境下使用的手持电动工具的安全电压为（   ）V。
    A. 9   B. 12   C. 24   D. 36

221. 电器通电后发现冒烟、发出烧焦气味或着火时，应立即（   ）。
    A. 逃离现场   B. 泡沫灭火器灭火 C. 用水灭火   D. 切断电源

222. 使用不导电的灭火器材，喷头与带电体电压10 kV时，机体喷嘴距带电体的距离要大于（   ）m。
    A. 1   B. 0.4   C. 0.6   D. 2

223. 本安防爆型电路及关联配线中的电缆、钢管、端子板应有（   ）的标志。
    A. 蓝色   B. 红色   C. 黑色   D. 绿色

224. 电缆或电线的驳口或破损处要用（   ）包好，不能用透明胶布代替。
    A. 牛皮纸   B. 尼龙纸   C. 电工胶布   D. 医用胶布

225. 变配电设备线路检修的安全技术措施为（   ）。
    A. 停电、验电   B. 装设接地线
    C. 悬挂标示牌和装设遮拦   D. 以上都是

226. 下面描述的项目中，（   ）是电工安全操作规程的内容。
    A. 及时缴纳电费
    B. 禁止电动自行车上高架桥
    C. 上班带好雨具
    D. 高低压各型开关调试时，悬挂标志牌，防止误合闸

227. 对电气开关及正常运行产生火花的电气设备，应（   ）存放可燃物质的地点。
    A. 远离   B. 采用铁丝网隔断
    C. 靠近   D. 采用高压电网隔断

228. 用电设备的金属外壳必须与保护线（   ）。
    A. 可靠连接　　B. 可靠隔离　　C. 远离　　D. 靠近

229. 防雷装置包括（   ）。
    A. 接闪器、引下线、接地装置　　　　B. 避雷针、引下线、接地装置
    C. 接闪器、接地线、接地装置　　　　D. 接闪器、引下线、接零装置

230. 下列需要每半年做一次耐压试验的用具为（   ）。
    A. 绝缘棒　　B. 绝缘夹钳　　C. 绝缘罩　　D. 绝缘手套

231. 保持电气设备正常运行要做到（   ）。
    A. 保持电压、电流、温升等不超过允许值
    B. 保持电气设备绝缘良好、保持各导电部分连接可靠良好
    C. 保持电气设备清洁、通风良好
    D. 以上都是

232. 使用台钳时，工件尽量夹在钳口的（   ）。
    A. 上端位置　　B. 中间位置　　C. 下端位置　　D. 左端位置

233. 台钻钻夹头的松紧必须用专用（   ），不准用锤子或其他物品敲打。
    A. 工具　　B. 扳子　　C. 钳子　　D. 钥匙

234. 用手电钻钻孔时，要穿戴（   ）。
    A. 口罩　　B. 帽子　　C. 绝缘鞋　　D. 眼镜

235. 用手电钻钻孔时，要带（   ）。
    A. 口罩　　B. 帽子　　C. 绝缘手套　　D. 眼镜

236. 普通螺纹的牙型角是60°，英制螺纹的牙型角是（   ）。
    A. 50°　　B. 55°　　C. 60°　　D. 65°

237. 一般中型工厂的电源进线电压是（   ）。
    A. 380 kV　　B. 220 k　　C. 10 kV　　D. 400 V

238. 民用住宅的供电电压（   ）V。
    A. 380　　B. 220　　C. 50　　D. 36

239. 千万不要用铜线、铝线、铁线代替（   ）。
    A. 导线　　B. 熔丝　　C. 包扎带　　D. 电话线

240. 与环境污染相近的概念是（   ）。
    A. 生态破坏　　B. 电磁辐射污染　　C. 电磁噪音污染　　D. 公害

241. 下列污染形式中不属于生态破坏的是（   ）。
    A. 森林破坏　　B. 水土流失　　C. 水源枯竭　　D. 地面沉降

242. 下列电磁污染形式不属于自然的电磁污染的是（   ）。
    A. 火山爆发　　B. 地震　　C. 雷电　　D. 射频电磁污染

243. 噪声可分为气体动力噪声、机械噪声和（   ）。
    A. 电力噪声　　B. 水噪声　　C. 电气噪声　　D. 电磁噪声

244. 收音机发出的交流声属于（   ）。
    A. 机械噪声　　B. 气体动力噪声　　C. 电磁噪声　　D. 电力噪声

245. 下列控制声音传播的措施中（　　　）不属于个人防护措施。
  A. 使用耳塞 B. 使用耳罩 C. 使用耳绵 D. 使用隔声罩

246. 对于每个职工来说，质量管理的主要内容有岗位的质量要求、质量目标、（　　　）和质量责任等。
  A. 信息反馈 B. 质量水平 C. 质量记录 D. 质量保证措施

247. 岗位的质量要求，通常包括操作程序，工作内容，工艺规程及（　　　）等。
  A. 工作计划 B. 工作目的 C. 参数控制 D. 工作重点

248. 劳动者的基本权利包括（　　　）等。
  A. 完成劳动任务   B. 提高职业技能
  C. 遵守劳动纪律和职业道德 D. 接受职业技能培训

249. 劳动者的基本权利包括（　　　）等。
  A. 完成劳动任务   B. 提高职业技能
  C. 请假外出   D. 提请劳动争议处理

250. 劳动者的基本权利包括（　　　）等。
  A. 完成劳动任务   B. 提高生活水平
  C. 执行劳动安全卫生规程 D. 享有社会保险和福利

251. 劳动者的基本权利包括（　　　）等。
  A. 完成劳动任务   B. 提高职业技能
  C. 执行劳动安全卫生规程 D. 获得劳动报酬

252. 劳动者的基本义务包括（　　　）等。
  A. 执行劳动安全卫生规程 B. 超额完成工作
  C. 休息   D. 休假

253. 劳动者的基本义务包括（　　　）等。
  A. 提高职业技能   B. 获得劳动报酬
  C. 休息   D. 休假

254. 劳动者的基本义务包括（　　　）等。
  A. 遵守劳动纪律   B. 获得劳动报酬
  C. 休息   D. 休假

255. 劳动者的基本义务包括（　　　）等。
  A. 完成劳动任务   B. 获得劳动报酬
  C. 休息   D. 休假

256. 劳动者解除劳动合同，应当提前（　　　）以书面形式通知用人单位。
  A. 5 日   B. 10 日   C. 15 日   D. 30 日

257. 根据劳动法的有关规定，（　　　），劳动者可以随时通知用人单位解除劳动合同。
  A. 在试用期间被证明不符合录用条件的
  B. 严重违反劳动纪律或用人单位规章制度的
  C. 严重失职、营私舞弊，对用人单位利益造成重大损害的

D. 用人单位未按照劳动合同约定支付劳动报酬或者是提供劳动条件的

258. 根据劳动法的有关规定，（　　　），劳动者可以随时通知用人单位解除劳动合同。

A. 在试用期间被证明不符合录用条件的

B. 严重违反劳动纪律或用人单位规章制度的

C. 严重失职、营私舞弊，对用人单位利益造成重大损害的

D. 用人单位以暴力威胁或者非法限制人身自由的手段强迫劳动的

259. 根据劳动法的有关规定，（　　　），劳动者可以随时通知用人单位解除劳动合同。

A. 在试用期间被证明不符合录用条件的

B. 严重违反劳动纪律或用人单位规章制度的

C. 严重失职、营私舞弊、对用人单位利益造成重大损害的

D. 在试用期内

260. 劳动安全卫生管理制度对未成年工给予了特殊的劳动保护，规定严禁一切企业招收未满（　　　）的童工。

A. 14 周岁　　　B. 15 周岁　　　　C. 16 周岁　　　　D. 18 周岁

261. 劳动安全卫生管理制度对未成年工给予了特殊的劳动保护，这其中的未成年工是指年满 16 周岁未满（　　　）的人。

A. 14 周岁　　　B. 15 周岁　　　　C. 17 周岁　　　　D. 18 周岁

262. 国家鼓励和支持利用可再生能源和（　　　）发电。

A. 磁场能　　　B. 机械能　　　　C. 清洁能源　　　D. 化学能

263. 盗窃电能的，由电力管理部门追缴电费并处应交电费（　　　）以下的罚款。

A. 三倍　　　　B. 十倍　　　　　C. 四倍　　　　　D. 五倍

264. 任何单位和个人不得危害发电设施、（　　　）和电力线路设施及其有关辅助设施。

A. 变电设施　　　B. 用电设施　　　C. 保护设施　　　D. 建筑设施

265. 任何单位和个人不得非法占用变电设施用地、输电线路走廊和（　　　）。

A. 电缆通道　　　B. 电线　　　　C. 电杆　　　　　D. 电话

266. 2.0 级准确度的直流单臂电桥表示测量电阻的误差不超过（　　　）。

A. ±0.2%　　　B. ±2%　　　　C. ±20%　　　　D. ±0.02%

267. 直流单臂电桥接入被测量电阻时，连接导线应（　　　）。

A. 细，长　　　B. 细，短　　　　C. 粗，短　　　　D. 粗，长

268. 直流单臂电桥使用（　　　）V 直流电源。

A. 6　　　　　B. 5　　　　　　C. 4.5　　　　　D. 3

269. 直流单臂电桥测量十几欧姆电阻时，比率应选为（　　　）。

A. 0.001　　　B. 0.01　　　　C. 0.1　　　　　D. 1

270. 调节电桥平衡时，若检流计指针向标有"＋"的方向偏转时，说明（　　　）。

A. 通过检流计电流大、应增大比较臂的电阻

B. 通过检流计电流小、应增大比较臂的电阻

     C. 通过检流计电流小、应减小比较臂的电阻

     D. 通过检流计电流大、应减小比较臂的电阻

271. 直流双臂电桥工作时，具有（   ）的特点。

     A. 电流大   B. 电流小   C. 电压大   D. 电压小

272. 直流双臂电桥共有（   ）接头。

     A. 2   B. 3   C. 6   D. 4

273. 直流双臂电桥的桥臂电阻均应大于（   ）Ω。

     A. 10   B. 30   C. 20   D. 50

274. 直流双臂电桥适用于测量（   ）的电阻。

     A. 0.1 Ω 以下   B. 1 Ω 以下   C. 10 Ω 以下   D. 100 Ω 以下

275. 直流双臂电桥为了减少接线及接触电阻的影响，在接线时要求（   ）。

     A. 电流端在电位端外侧   B. 电流端在电位端内侧

     C. 电流端在电阻端外侧   D. 电流端在电阻端内侧

276. 直流双臂电桥的测量具有（   ）的特点。

     A. 电流小、电源容量大   B. 电流小、电源容量小

     C. 电流大、电源容量小   D. 电流大、电源容量大

277. 直流双臂电桥达到平衡时，被测电阻值为（   ）。

     A. 倍率读数与可调电阻相乘   B. 倍率读数与桥臂电阻相乘

     C. 桥臂电阻与固定电阻相乘   D. 桥臂电阻与可调电阻相乘

278. 直流单臂电桥和直流双臂电桥的测量端数目分别为（   ）。

     A. 2、4   B. 4、2   C. 2、3   D. 3、2

279. 直流单臂电桥用于测量中值电阻，直流双臂电桥的测量电阻在（   ）Ω 以下。

     A. 10   B. 1   C. 20   D. 30

280. 直流单臂电桥测量小值电阻时，不能排除（   ），而直流双臂电桥则可以。

     A. 接线电阻及接触电阻   B. 接线电阻及桥臂电阻

     C. 桥臂电阻及接触电阻   D. 桥臂电阻及导线电阻

281. 低频信号发生器的输出有（   ）输出。

     A. 电压、电流 B. 电压、功率 C. 电流、功率   D. 电压、电阻

282. 通常信号发生器能输出的信号波形有（   ）。

     A. 正弦波   B. 三角波   C. 矩形波   D. 以上都是

283. 信号发生器输出 CMOS 电平为（   ）V。

     A. 3 ~ 15   B. 3   C. 5   D. 15

284. 通常信号发生器按频率分类有（   ）。

     A. 低频信号发生器   B. 高频信号发生器

     C. 超高频信号发生器   D. 以上都是

285. 低频信号发生器的频率范围为（   ）。

     A. 20 Hz ~ 200 kHz   B. 100 Hz ~ 1 000 kHz

C. 200 Hz ~2 000 kHz　　　　　D. 10 Hz ~2 000 kHz

286. 信号发生器的幅值衰减 20 dB 其表示输出信号（　　）倍。

A. 衰减 20　　B. 衰减 1　　C. 衰减 10　　D. 衰减 100

287. 当测量电阻值超过量程时，手持式数字万用表将显示（　　）。

A. 1　　　　B. ∞　　　　C. 0　　　　D. 错

288. 使用 PF-32 数字式万用表测 500 V 直流电压时，按下（　　），此时万用表处于测量直流电压状态。

A. S1　　　B. S2　　　C. S3　　　D. S4

289. 示波器中的（　　）经过偏转板时产生偏移。

A. 电荷　　　B. 高速电子束　　C. 电压　　D. 电流

290. 示波器的 Y 轴通道对被测信号进行处理，然后加到示波管的（　　）偏转板上。

A. 水平　　　B. 垂直　　　C. 偏上　　　D. 偏下

291. 示波器的 X 轴通道对被测信号进行处理，然后加到示波管的（　　）偏转板上。

A. 水平　　　B. 垂直　　　C. 偏上　　　D. 偏下

292. 示波器的（　　）产生锯齿波信号并控制其周期，以保证扫描信号与被测信号同步。

A. 偏转系统、扫描　　　　B. 偏转系统、整步系统
C. 扫描、整步系统　　　　D. 扫描、示波管

293. 数字存储示波器的带宽最好是测试信号带宽的（　　）倍。

A. 3　　　　B. 4　　　　C. 6　　　　D. 5

294. 高品质、高性能的示波器一般适合（　　）使用。

A. 实验　　　B. 演示　　　C. 研发　　　D. 一般测试

295. （　　）适合现场工作且要用电池供电的示波器。

A. 台式示波器　B. 手持示波器　C. 模拟示波器　D. 数字示波器

296. 晶体管图示仪的 S2 开关在正常测量时，一般置于（　　）位置。

A. 零　　　　B. 中间　　　C. 最大　　　D. 任意

297. 晶体管特性图示仪零电流开关的作用是测试管子的（　　）。

A. 击穿电压、导通电流　　　B. 击穿电压、穿透电流
C. 反偏电压、穿透电流　　　D. 反偏电压、导通电流

298. 晶体管毫伏表最小量程一般为（　　）。

A. 10 mV　　B. 1 mV　　C. 1 V　　　D. 0.1 V

299. 晶体管毫伏表专用输入电缆线，其屏蔽层、线芯分别是（　　）。

A. 信号线、接地线　　　　B. 接地线、信号线
C. 保护线、信号线　　　　D. 保护线、接地线

300. 下列不是晶体管毫伏表的特性是（　　）。

A. 测量量限大　B. 灵敏度低　　C. 输入阻抗高　　D. 输出电容小

301. 78 及 79 系列三端集成稳压电路的封装通常采用（ ）。
  A. TO－220、TO－202　　　　　　B. TO－110、TO－202
  C. TO－220、TO－101　　　　　　D. TO－110、TO－220

302. 一般三端集成稳压电路工作时，要求输入电压比输出电压至少高（ ）V。
  A. 2　　　　　B. 3　　　　　C. 4　　　　　D. 1.5

303. 三端集成稳压电路 78 系列，其输出电流最大值为（ ）A。
  A. 2　　　　　B. 1　　　　　C. 3　　　　　D. 1.5（0.5、1）

304. 三端集成稳压电路 W317，其输出电压范围为（ ）V。
  A. 1.25～37　　　B. 17　　　　　C. 7　　　　　D. 6

305. CW78L05 型三端集成稳压器件的输出电压及最大输出电流分别为（ ）。
  A. 5V、1A　　　B. 5V、0.1A　　　C. 5V、0.5A　　　D. 5V、1.5A

306. 符合有 "1" 得 "1"，全 "0" 得 "0" 的逻辑关系的逻辑门是（ ）。
  A. 或门　　　　B. 与门　　　　C. 非门　　　　D. 与非门

307. 符合有 "0" 得 "0"，全 "1" 得 "1" 的逻辑关系的逻辑门是（ ）。
  A. 或门　　　　B. 与门　　　　C. 非门　　　　D. 或非门

308. 符合有 "1" 得 "0"，全 "0" 得 "1" 的逻辑关系的逻辑门是（ ）。
  A. 或门　　　　B. 与门　　　　C. 非门　　　　D. 或非门

309. 下列不属于基本逻辑门电路的是（ ）。
  A. 与门　　　　B. 或门　　　　C. 非门　　　　D. 与非门

310. 下列不属于组合逻辑门路的是（ ）。
  A. 与门　　　　B. 或非门　　　　C. 与非门　　　　D. 与或门

311. TTL 与非门电路低电平的产品典型值通常不高于（ ）V。
  A. 1　　　　　B. 0.4　　　　　C. 0.8　　　　　D. 1.5

312. TTL 与非门电路高电平的产品典型值通常不低于（ ）V。
  A. 3　　　　　B. 4　　　　　C. 2　　　　　D. 2.4

313. 晶闸管型号 KP20－8 中的 K 表示（ ）。
  A. 国家代号　　B. 开关　　　　C. 快速　　　　D. 晶闸管

314. 晶闸管型号 KS20－8 中的 S 表示（ ）。
  A. 双层　　　　B. 双向　　　　C. 三层　　　　D. 三极

315. 普通晶闸管属于（ ）器件。
  A. 不控　　　　B. 半控　　　　C. 全控　　　　D. 自控

316. 普通晶闸管中间 P 层的引出极是（ ）。
  A. 漏极　　　　B. 阴极　　　　C. 门极　　　　D. 阳极

317. 普通晶闸管边上 P 层的引出极是（ ）。
  A. 漏极　　　　B. 阴极　　　　C. 门极　　　　D. 阳极

318. 单结晶体管的结构中有（ ）个基极。
  A. 1　　　　　B. 2　　　　　C. 3　　　　　D. 4

319. 双向晶闸管是（ ）半导体结构。

    A. 四层   B. 五层   C. 三层   D. 二层

320. 普通晶闸管的额定电压是用（ ）表示的。

    A. 有效值   B. 最大值（峰值）C. 平均值   D. 最小值

321. 普通晶闸管的额定电流是以工频（ ）电流的平均值来表示的。

    A. 三角波   B. 方波   C. 正弦半波   D. 正弦全波

322. 双向晶闸管的额定电流是用（ ）来表示的。

    A. 有效值   B. 最大值   C. 平均值   D. 最小值

323. 用万用表测量控制极和阴极之间正向阻值时，一般反向电阻比正向电阻大，正向几十欧姆以下，反向（ ）以上。

    A. 数十欧姆   B. 数百欧姆

    C. 数千欧姆   D. 数十千欧姆

324. 一只 100 A 的双向晶闸管可以用两只（ ）的普通晶闸管反并联来代替。

    A. 100 A   B. 90 A   C. 50 A   D. 45 A

325. 双向晶闸管一般用于（ ）电路。

    A. 交流调压   B. 单向可控整流   C. 三相可控整流   D. 直流调压

326. 由于双向晶闸管需要（ ）触发电路，因此使电路大为简化。

    A. 一个   B. 两个   C. 三个   D. 四个

327. 单结晶体管的结构中有（ ）个电极。

    A. 4   B. 3   C. 2   D. 1

328. 单结晶体管发射极的文字符号是（ ）。

    A. C   B. D   C. E   D. F

329. 单结晶体管两个基极的文字符号是（ ）。

    A. C_1、C_2 B. D_1、D_2 C. E_1、E_2 D. B_1、B_2

330. 单结晶体管在电路图中的文字符号是（ ）。

    A. SCR   B. VT   C. VD   D. VC

331. 集成运放通常有（ ）部分组成。

    A. 3   B. 4   C. 5   D. 6

332. 集成运放输入电路通常由（ ）构成。

    A. 共射放大电路   B. 共集电极放大电路

    C. 共基极放大电路   D. 差动放大电路

333. 理想集成运放输出电阻为（ ）。

    A. 10 Ω   B. 100 Ω   C. 0 Ω   D. 1 kΩ

334. 理想集成运放的差模输入电阻为（ ）。

    A. 1 MΩ   B. 2 MΩ   C. 3 MΩ   D. ∞

335. 集成运放共模抑制比通常在（ ）dB。

    A. 60   B. 80   C. 80 ~ 110   D. 100

336. 集成运放开环电压放大倍数通常在（ ）dB。

    A. 60   B. 80   C. 80 ~ 140   D. 100

337. 集成运放的中间级通常实现（　　）功能。

    A. 电流放大　　　　B. 电压放大　　　　C. 功率放大　　　　D. 信号传递

338. 下列不属于放大电路的静态值为（　　）。

    A. I_{BQ}　　　　　　B. I_{CQ}　　　　　　C. U_{CEQ}　　　　　D. U_{CBQ}

339. 固定偏置共射极放大电路，已知 $R_B = 300\ k\Omega$，$R_C = 4\ k\Omega$，$Vcc = 12\ V$，$\beta = 50$，则 U_{CEQ} 为（　　）V。

    A. 6　　　　　　　　B. 4　　　　　　　　C. 3　　　　　　　　D. 8

340. 固定偏置共射极放大电路，已知 $R_B = 300\ k\Omega$，$R_C = 4\ k\Omega$，$Vcc = 12\ V$，$\beta = 50$，则 I_{BQ} 为（　　）。

    A. 40 μA　　　　　B. 30 μA　　　　　C. 40 mA　　　　　D. 10 μA

341. 固定偏置共射极放大电路，已知 $R_B = 300\ k\Omega$，$R_C = 4\ k\Omega$，$Vcc = 12\ V$，$\beta = 50$，则 I_{CQ} 为（　　）。

    A. 2 μA　　　　　　B. 3 μA　　　　　　C. 2 mA　　　　　　D. 3 mA

342. 分压式偏置共射放大电路，稳定工作点效果受（　　）影响。

    A. Rc　　　　　　　B. R_B　　　　　　　C. R_E　　　　　　　D. Ucc

343. 分压式偏置共射放大电路，更换 β 大的管子，其静态值 U_{CEQ} 会（　　）。

    A. 增大　　　　　　B. 变小　　　　　　C. 不变　　　　　　D. 无法确定

344. 分压式偏置共射放大电路，当温度升高时，其静态值 I_{BQ} 会（　　）。

    A. 增大　　　　　　B. 变小　　　　　　C. 不变　　　　　　D. 无法确定

345. 固定偏置共射放大电路出现截止失真，是（　　）。

    A. R_B 偏小　　　　B. R_B 偏大　　　　C. Rc 偏小　　　　D. Rc 偏大

346. 放大电路的静态工作点的偏高易导致信号波形出现（　　）失真。

    A. 截止　　　　　　B. 饱和　　　　　　C. 交越　　　　　　D. 非线性

347. 分压式偏置的共发射极放大电路中，若 V_B 点电位过高，电路易出现（　　）。

    A. 截止失真　　　　B. 饱和失真　　　　C. 晶体管被烧坏　　D. 双向失真

348. 下列具有交越失真的功率放大电路是（　　）。

    A. 甲类　　　　　　B. 甲乙类　　　　　C. 乙类　　　　　　D. 丙类

349. 共集电极放大电路具有（　　）放大作用。

    A. 电流　　　　　　B. 电压　　　　　　C. 功率　　　　　　D. 没有

350. 多级放大电路之间，常用共集电极放大电路，是利用其（　　）特性。

    A. 输入电阻大、输出电阻大　　　　　　B. 输入电阻小、输出电阻大

    C. 输入电阻大、输出电阻小　　　　　　D. 输入电阻小、输出电阻小

351. 为了以减小信号源的输出电流，降低信号源负担，常用共集电极放大电路的（　　）特性。

    A. 输入电阻大　　B. 输入电阻小　　C. 输出电阻大　　D. 输出电阻小

352. 为了增加带负载能力，常用共集电极放大电路的（　　）特性。

    A. 输入电阻大　　B. 输入电阻小　　C. 输出电阻大　　D. 输出电阻小

353. 射极输出器的输出电阻小，说明该电路的（　　）。

A. 带负载能力强　　　　　　　　　B. 带负载能力差

C. 减轻前级或信号源负荷　　　　　D. 取信号能力强

354. 共射极放大电路的输出电阻跟共基极放大电路的输出电阻相比是（　　　）。

A. 大　　　　　　B. 小　　　　　　C. 相等　　　　　　D. 不定

355. 输入电阻最小的放大电路是（　　　）。

A. 共射极放大电路　　　　　　　　B. 共集电极放大电路

C. 共基极放大电路　　　　　　　　D. 差动放大电路

356. 适合高频电路应用的电路是（　　　）。

A. 共射极放大电路　　　　　　　　B. 共集电极放大电路

C. 共基极放大电路　　　　　　　　D. 差动放大电路

357. 容易产生零点漂移的耦合方式是（　　　）。

A. 阻容耦合　　　B. 变压器耦合　　　C. 直接耦合　　　D. 电感耦合

358. 能用于传递交流信号，电路结构简单的耦合方式是（　　　）。

A. 阻容耦合　　　B. 变压器耦合　　　C. 直接耦合　　　D. 电感耦合

359. 要稳定输出电流，增大电路输入电阻，应选用（　　　）负反馈。

A. 电压串联　　　B. 电压并联　　　C. 电流串联　　　D. 电流并联

360. 要稳定输出电压，增大电路输入电阻，应选用（　　　）负反馈。

A. 电压串联　　　B. 电压并联　　　C. 电流串联　　　D. 电流并联

361. 要稳定输出电压，减少电路输入电阻，应选用（　　　）负反馈。

A. 电压串联　　　B. 电压并联　　　C. 电流串联　　　D. 电流并联

362. 差动放大电路能放大（　　　）。

A. 直流信号　　　B. 交流信号　　　C. 共模信号　　　D. 差模信号

363. （　　　）作为集成运放的输入级。

A. 共射放大电路　　　　　　　　　B. 共集电极放大电路

C. 共基放大电路　　　　　　　　　D. 差动放大电路

364. （　　　）用于表示差动放大电路性能的高低。

A. 电压放大倍数　　　　　　　　　B. 功率

C. 共模抑制比　　　　　　　　　　D. 输出电阻

365. （　　　）差动放大电路不适合单端输出。

A. 基本　　　　　B. 长尾　　　　　C. 具有恒流源　　　D. 双端输入

366. 下列不是集成运放的非线性应用的是（　　　）。

A. 过零比较器　　　B. 滞回比较器　　　C. 积分应用　　　D. 比较器

367. 下列集成运放的应用能将矩形波变为尖顶脉冲波的是（　　　）。

A. 比例应用　　　B. 加法应用　　　C. 微分应用　　　D. 比较器

368. 单片集成功率放大器件的功率通常为（　　　）W左右。

A. 10　　　　　　B. 1　　　　　　C. 5　　　　　　D. 8

369. RC选频振荡电路适合（　　　）kHz以下的低频电路。

A. 1 000　　　　　B. 200　　　　　C. 100　　　　　D. 50

370. RC 选频振荡电路，当电路发生谐振时，选频电路的幅值为（　　）。
    A. 2　　　　　　　B. 1　　　　　　　C. 1/2　　　　　　D. 1/3

371. RC 选频振荡电路，能产生电路振荡的放大电路的放大倍数至少为（　　）。
    A. 10　　　　　　B. 3　　　　　　　C. 5　　　　　　　D. 20

372. LC 选频振荡电路，当电路频率小于谐振频率时，电路性质为（　　）。
    A. 电阻性　　　　B. 感性　　　　　C. 容性　　　　　D. 纯电容性

373. LC 选频振荡电路，当电路频率高于谐振频率时，电路性质为（　　）。
    A. 电阻性　　　　B. 感性　　　　　C. 容性　　　　　D. 纯电容性

374. LC 选频振荡电路达到谐振时，选频电路的相位移为（　　）。
    A. 0°　　　　　　B. 90°　　　　　　C. 180°　　　　　D. −90°

375. 串联型稳压电路的调整管接成（　　）电路形式。
    A. 共基极　　　　B. 共集电极　　　C. 共射极　　　　D. 分压式共射极

376. 串联型稳压电路的调整管工作在（　　）状态。
    A. 放大　　　　　B. 饱和　　　　　C. 截止　　　　　D. 导通

377. 串联型稳压电路的取样电路与负载的关系为（　　）连接。
    A. 串联　　　　　B. 并联　　　　　C. 混联　　　　　D. 星型

378. CW7806 的输出电压、最大输出电流分别为（　　）。
    A. 6 V、1.5 A　B. 6 V、1 A　　　C. 6 V、0.5 A　　D. 6 V、0.1 A

379. 下列逻辑门电路需要外接上拉电阻才能正常工作的是（　　）。
    A. 与非门　　　　B. 或非门　　　　C. 与或非门　　　D. OC 门

380. 单相半波可控整流电路中晶闸管所承受的最高电压是（　　）。
    A. $1.414U_2$　　B. $0.707U_2$　　C. U_2　　　　　D. $2U_2$

381. 单相半波可控整流电路的输出电压范围是（　　）。
    A. $1.35 U_2 \sim 0$　B. $U_2 \sim 0$　　C. $0.9U_2 \sim 0$　　D. $0.45U_2 \sim 0$

382. 单相半波可控整流电路电阻性负载，（　　）的移相范围是 0°~180°。
    A. 整流角 θ　B. 控制角 α　　C. 补偿角 θ　　D. 逆变角 β

383. 单相半波可控整流电路电阻性负载，控制角 α 的移相范围是（　　）。
    A. 0°~45°　　　B. 0°~90°　　　　C. 0°~180°　　　D. 0°~360°

384. 单相半波可控整流电路的电源电压为 220 V，晶闸管的额定电压要留 2 倍裕量，则需选购（　　）V 的晶闸管。
    A. 250　　　　　B. 300　　　　　　C. 500　　　　　　D. 700

385. 单相桥式可控整流电路电感性负载带续流二极管时，晶闸管的导通角为（　　）。
    A. $180° - \alpha$　B. $90° - \alpha$　　C. $90° + \alpha$　　D. $180° + \alpha$

386. 单相桥式可控整流电路电阻性负载，晶闸管中的电流平均值是负载的（　　）倍。
    A. 0.5　　　　　B. 1　　　　　　　C. 2　　　　　　　D. 0.25

387. 单相桥式可控整流电路中，控制角 α 越大，输出电压 U_d（　　）。

A. 越大　　　　B. 越小　　　　C. 为零　　　　D. 越负

388. 单相桥式可控整流电路电阻性负载时，控制角 α 的移相范围是（　　）。

A. 0°～360°　　B. 0°～270°　　C. 0°～90°　　D. 0°～180°

389. 单相桥式可控整流电路电感性负载，控制角 α = 60°时，输出电压 U_d 是（　　）。

A. $1.17U_2$　　B. $0.9U_2$　　C. $0.45U_2$　　D. $1.35U_2$

390. （　　）触发电路输出尖脉冲。

A. 交流变频　　B. 脉冲变压器　　C. 集成　　　　D. 单结晶体管

391. 单结晶体管触发电路输出（　　）。

A. 双脉冲　　　B. 尖脉冲　　　C. 单脉冲　　　D. 宽脉冲

392. 单结晶体管触发电路的同步电压信号来自（　　）。

A. 负载两端　　B. 晶闸管　　　C. 整流电源　　D. 脉冲变压器

393. 单结晶体管触发电路通过调节（　　）来调节控制角 α。

A. 电位器　　　B. 电容器　　　C. 变压器　　　D. 电抗器

394. 晶闸管电路中串入快速熔断器的目的是（　　）。

A. 过压保护　　B. 过流保护　　C. 过热保护　　D. 过冷保护

395. 晶闸管电路中采用（　　）的方法来防止电流尖峰。

A. 串联小电容　B. 并联小电容　C. 串联小电感　D. 并联小电感

396. 晶闸管电路中串入小电感的目的是（　　）。

A. 防止电流尖峰　　　　　　　　B. 防止电压尖峰

C. 产生触发脉冲　　　　　　　　D. 产生自感电动势

397. 晶闸管两端（　　）的目的是防止电压尖峰。

A. 串联小电容　　　　　　　　　B. 并联小电容

C. 并联小电感　　　　　　　　　D. 串联小电感

398. 晶闸管两端并联阻容吸收电路的目的是（　　）。

A. 防止电压尖峰　　　　　　　　B. 防止电流尖峰

C. 产生触发脉冲　　　　　　　　D. 产生自感电动势

399. 熔断器的额定电压应（　　）线路的工作电压。

A. 远大于　　　B. 不等于　　　C. 小于等于　　D. 大于等于

400. 对于电阻性负载，熔断器熔体的额定电流（　　）线路的工作电流。

A. 远大于　　　B. 不等于　　　C. 等于或略大于　D. 等于或略小于

401. 对于电动机负载，熔断器熔体的额定电流应选电动机额定电流的（　　）倍。

A. 1～1.5　　　B. 1.5～2.5　　C. 2.0～3.0　　D. 2.5～3.5

402. 使用快速熔断器时，一般按（　　）来选择。

A. $I_N = 1.03I_F$　B. $I_N = 1.57I_F$　C. $I_N = 2.57I_F$　D. $I_N = 3I_F$

403. 断路器中过电流脱扣器的额定电流应该大于等于线路的（　　）。

A. 最大允许电流　　　　　　　　B. 最大过载电流

C. 最大负载电流　　　　　　　　D. 最大短路电流

404. 短路电流很大的电气线路中宜选用（　　）断路器。
　　A. 塑壳式　　　B. 限流型　　　C. 框架式　　　D. 直流快速

405. 一般电气控制系统中宜选用（　　）断路器。
　　A. 塑壳式　　　B. 限流型　　　C. 框架式　　　D. 直流快速

406. 交流接触器一般用于控制（　　）的负载。
　　A. 弱电　　　B. 无线电　　　C. 直流电　　　D. 交流电

407. 直流接触器一般用于控制（　　）的负载。
　　A. 弱电　　　B. 无线电　　　C. 直流电　　　D. 交流电

408. 接触器的额定电压应不小于主电路的（　　）。
　　A. 短路电压　　B. 工作电压　　C. 最大电压　　　D. 峰值电压

409. 接触器的额定电流应不小于被控电路的（　　）。
　　A. 额定电流　　B. 负载电流　　C. 最大电流　　　D. 峰值电流

410. 对于（　　）工作制的异步电动机，热继电器不能实现可靠的过载保护。
　　A. 轻载　　　B. 半载　　　C. 重复短时　　　D. 连续

411. 对于△接法的异步电动机应选用（　　）结构的热继电器。
　　A. 四相　　　B. 三相　　　C. 两项　　　D. 单相

412. 对于工作环境恶劣、启动频繁的异步电动机，所用热继电器热元件的额定电流可选为电动机额定电流的（　　）倍。
　　A. 0.95～1.05　B. 0.85～0.95　C. 1.05～1.15　D. 1.15～1.50

413. 中间继电器的选用依据是控制电路的（　　）、电流类型、所需触点的数量和容量等。
　　A. 短路电流　　B. 电压等级　　C. 阻抗大小　　　D. 绝缘等级

414. 中间继电器一般用于（　　）中。
　　A. 网络电路　　B. 无线电路　　C. 主电路　　　D. 控制电路

415. 行程开关根据安装环境选择防护方式，如开启式或（　　）。
　　A. 防火式　　　B. 塑壳式　　　C. 防护式　　　D. 铁壳式

416. 根据机械与行程开关传力和位移关系选择合适的（　　）。
　　A. 电流类型　　B. 电压等级　　C. 接线型式　　　D. 头部型式

417. 电气控制线路中的停止按钮应选用（　　）颜色。
　　A. 绿　　　B. 红　　　C. 蓝　　　D. 黑

418. 电气控制线路中的启动按钮应选用（　　）颜色。
　　A. 绿　　　B. 红　　　C. 蓝　　　D. 黑

419. 用于指示电动机正处在旋转状态的指示灯颜色应选用（　　）。
　　A. 紫色　　　B. 蓝色　　　C. 红色　　　D. 绿色

420. 用于指示电动机正处在停止状态的指示灯颜色应选用（　　）。
　　A. 紫色　　　B. 蓝色　　　C. 红色　　　D. 绿色

421. 选用 LED 指示灯的优点之一是（　　）。
　　A. 发光强　　　B. 用电省　　　C. 价格低　　　D. 颜色多

422. 选用 LED 指示灯的优点之一是（　　　）。

    A. 寿命长   B. 发光强   C. 价格低   D. 颜色多

423. BK 系列控制变压器通常用作机床控制电器局部（　　　）及指示的电源之用。

    A. 照明灯   B. 电动机   C. 油泵   D. 压缩机

424. 对于环境温度变化大的场合，不宜选用（　　　）时间继电器。

    A. 晶体管式   B. 电动式   C. 液压式   D. 手动式

425. 对于延时精度要求较高的场合，可采用（　　　）时间继时器。

    A. 液压式   B. 电动式   C. 空气阻尼式   D. 晶体管式

426. 控制两台电动机错时启动的场合，可采用（　　　）时间继电器。

    A. 液压型   B. 气动型   C. 通电延时型   D. 断电延时型

427. 控制两台电动机错时停止的场合，可采用（　　　）时间继电器。

    A. 通电延时型   B. 断电延时型   C. 气动型   D. 液压型

428. 压力继电器选用时首先要考虑所测对象的（　　　），还有要符合电路中的额定电压，接口管径的大小。

    A. 压力范围   B. 压力种类   C. 压力方向   D. 压力来源

429. 压力继电器选用时首先要考虑所测对象的压力范围，还要符合电路中的额定电压，（　　　），所测管路接口管径的大小。

    A. 触点的功率因数   B. 触点的电阻率

    C. 触点的绝缘等级   D. 触点的电流容量

430. 直流电动机（　　　）、价格贵、制造麻烦、维护困难，但启动性能好、调速范围大。

    A. 结构庞大   B. 结构小巧   C. 结构简单   D. 结构复杂

431. 直流电动机的定子由机座、（　　　）、换向极、电刷装置、端盖等组成。

    A. 主磁极   B. 转子   C. 电枢   D. 换向器

432. 直流电动机的转子由电枢铁芯、电枢绕组、（　　　）、转轴等组成。

    A. 接线盒   B. 换向极   C. 主磁极   D. 换向器

433. 直流电动机按照励磁方式可分他励、（　　　）、串励和复励四类。

    A. 电励   B. 并励   C. 激励   D. 自励

434. 并励直流电动机的励磁绕组与（　　　）并联。

    A. 电枢绕组   B. 换向绕组   C. 补偿绕组   D. 稳定绕组

435. 直流电动机常用的启动方法有：（　　　）、降压启动等。

    A. 弱磁启动   B. Y－△启动

    C. 电枢串电阻启动   D. 变频启动

436. 直流电动机启动时，随着转速的上升，要（　　　）电枢回路的电阻。

    A. 先增大后减小 B. 保持不变   C. 逐渐增大   D. 逐渐减小

437. 直流电动机的直接启动电流可达额定电流的（　　　）倍。

    A. 10～20   B. 20～40   C. 5～10   D. 1～5

438. 直流电动机降低电枢电压调速时，属于（　　　）调速方式。

A. 恒转矩　　　B. 恒功率　　　　C. 通风机　　　　D. 泵类

439. 直流电动机降低电枢电压调速时，转速只能从额定转速（　　）。
A. 升高一倍　　B. 往下降　　　C. 往上升　　　D. 开始反转

440. 直流电动机弱磁调速时，转速只能从额定转速（　　）。
A. 降低一倍　　B. 开始反转　　C. 往上升　　　D. 往下降

441. 直流电动机的各种制动方法中，能向电源反送电能的方法是（　　）。
A. 反接制动　　B. 抱闸制动　　C. 能耗制动　　D. 回馈制动

442. 直流电动机的各种制动方法中，能平稳停车的方法是（　　）。
A. 反接制动　　B. 回馈制动　　C. 能耗制动　　D. 再生制动

443. 直流电动机的各种制动方法中，消耗电能最多的方法是（　　）。
A. 反接制动　　B. 能耗制动　　C. 回馈制动　　D. 再生制动

444. 直流他励电动机需要反转时，一般将（　　）两头反接。
A. 励磁绕组　　B. 电枢绕组　　C. 补偿绕组　　D. 换向绕组

445. 直流电动机只将励磁组两头反接时，电动机的（　　）。
A. 转速下降　　B. 转速上升　　C. 转向反转　　D. 转向不变

446. 直流电动机的励磁绕组和电枢绕组同时反接时，电动机的（　　）。
A. 转速下降　　B. 转速上升　　C. 转向反转　　D. 转向不变

447. 下列故障原因中（　　）会造成直流电动机不能启动。
A. 电源电压过高　　　　　　B. 电源电压过低
C. 电刷架位置不对　　　　　D. 励磁回路电阻过大

448. 下列故障原因中（　　）会导致直流电动机不能启动。
A. 电源电压过高　　　　　　B. 接线错误
C. 电刷架位置不对　　　　　D. 励磁回路电阻过大

449. 直流电动机转速不正常的故障原因主要有（　　）等。
A. 换向器表面有油污　　　　B. 接线错误
C. 无励磁电流　　　　　　　D. 励磁绕组接触不良

450. 直流电动机滚动轴承发热的主要原因有（　　）等。
A. 轴承磨损过大　　　　　　B. 轴承变形
C. 电动机受潮　　　　　　　D. 电刷架位置不对

451. 直流电动机温升过高时，发现定子与转子相互摩擦，此时应检查（　　）。
A. 传动带是否过紧　　　　　B. 轴承是否磨损过大
C. 轴承与轴配合是否过松　　D. 电动机固定是否牢固

452. 直流电动机由于换向器表面有油污导致电刷下火花过大时，应（　　）。
A. 更换电刷　　　　　　　　B. 重新精车
C. 清洁换向器表面　　　　　D. 对换向器进行研磨

453. 造成直流电动机漏电的主要原因有（　　）等。
A. 电动机绝缘老化　　　　　B. 并励绕组局部短路
C. 转轴变形　　　　　　　　D. 电枢不平衡

454. 绕线式异步电动机转子串三级电阻启动时，可用（ ）自动实现。
  A. 速度继电器 　　　　　 B. 压力继电器
  C. 时间继电器 　　　　　 D. 电压继电器

455. 绕线式异步电动机转子串三级电阻启动时，可用（ ）实现自动控制。
  A. 压力继电器 　 B. 速度继电器 　 C. 电压继电器 　 D. 电流继电器

456. 绕线式异步电动机转子串电阻启动时，随着转速的升高，要逐渐（ ）。
  A. 增大电阻 　　 B. 减小电阻 　　 C. 串入电阻 　　 D. 串入电感

457. 绕线式异步电动机转子串频敏变阻器启动时，随着转速的升高，（ ）自动
减小。
  A. 频敏变阻器的等效电压 　　 B. 频敏变阻器的等效电流
  C. 频敏变阻器的等效功率 　　 D. 频敏变阻器的等效阻抗

458. 绕线式异步电动机转子串电阻启动时，启动电流减小，启动转矩增大的原因
是（ ）。
  A. 转子电路的有功电流变大 　　 B. 转子电路的无功电流变大
  C. 转子电路的转差率变大 　　 D. 转子电路的转差率变小

459. 绕线式异步电动机转子串频敏变阻器启动与串电阻分级启动相比，控制线路
（ ）。
  A. 比较简单 　　　　　 B. 比较复杂
  C. 只能手动控制 　　　 D. 只能自动控制

460. 设计多台电动机顺序控制线路的目的是保证操作过程的合理性和（ ）。
  A. 工作的安全可靠 　　 B. 节约电能的要求
  C. 降低噪声的要求 　　 D. 减小振动的要求

461. 多台电动机的顺序控制线路（ ）。
  A. 既包括顺序启动，又包括顺序停止
  B. 不包括顺序停止
  C. 不包括顺序启动
  D. 通过自锁环节来实现

462. 以下属于多台电动机顺序控制的线路是（ ）。
  A. 一台电动机正转时不能立即反转的控制线路
  B. Y－△启动控制线路
  C. 电梯先上升后下降的控制线路
  D. 电动机 2 可以单独停止，电动机 1 停止时电动机 2 也停止的控制线路

463. 以下属于多台电动机顺序控制的线路是（ ）。
  A. Y－△启动控制线路
  B. 一台电动机正转时不能立即反转的控制线路
  C. 一台电动机启动后另一台电动机才能启动的控制线路
  D. 两处都能控制电动机启动和停止的控制线路

464. 将接触器 KM1 的常开触点串联到接触器 KM2 线圈电路中的控制电路能够实

现（　　）。

  A．KM1 控制的电动机先停止，KM2 控制的电动机后停止的控制功能

  B．KM2 控制的电动机停止时，KM1 控制的电动机也停止的控制功能

  C．KM2 控制的电动机先启动，KM1 控制的电动机后启动的控制功能

  D．KM1 控制的电动机先启动，KM2 控制的电动机后启动的控制功能

465．位置控制就是利用生产机械运动部件上的（　　）与位置开关碰撞来控制电动机的工作状态的。

  A．挡铁　　　　B．红外线　　　　C．按钮　　　　D．超声波

466．下列器件中，不能用作三相异步电动机位置控制的是（　　）。

  A．磁性开关　　B．行程开关　　　C．倒顺开关　　　D．光电传感器

467．下列不属于位置控制线路的是（　　）。

  A．走廊照明灯的两处控制电路　　　B．龙门刨床的自动往返控制电路

  C．电梯的开关门电路　　　　　　　D．工厂车间里行车的终点保护电路

468．下列属于位置控制线路的是（　　）。

  A．走廊照明灯的两处控制电路　　　B．电风扇摇头电路

  C．电梯的开关门电路　　　　　　　D．电梯的高低速转换电路

469．三相异步电动机能耗制动时（　　）中通入直流电。

  A．转子绕组　　B．定子绕组　　　C．励磁绕组　　　D．补偿绕组

470．三相异步电动机能耗制动时，机械能转换为电能并消耗在（　　）回路的电阻上。

  A．励磁　　　　B．控制　　　　　C．定子　　　　　D．转子

471．三相异步电动机采用（　　）时，能量消耗小，制动平稳。

  A．发电制动　　B．回馈制动　　　C．能耗制动　　　D．反接制动

472．三相异步电动机能耗制动的过程可以用（　　）来控制。

  A．电流继电器　B．电压继电器　　C．速度继电器　　D．热继电器

473．三相异步电动机能耗制动的过程可以用（　　）来控制。

  A．电压继电器　B．电流继电器　　C．热继电器　　　D．时间继电器

474．三相异步电动机能耗制动的控制线路至少需要（　　）个按钮。

  A．2　　　　　　B．1　　　　　　C．4　　　　　　D．3

475．三相异步电动机反接制动时，（　　）绕组中通入相序相反的三相交流电。

  A．补偿　　　　B．励磁　　　　　C．定子　　　　　D．转子

476．三相异步电动机的各种电气制动方法中，能量损耗最多的是（　　）。

  A．反接制动　　B．能耗制动　　　C．回馈制动　　　D．再生制动

477．三相异步电动机反接制动，转速接近零时要立即断开电源，否则电动机会（　　）。

  A．飞车　　　　B．反转　　　　　C．短路　　　　　D．烧坏

478．三相异步电动机倒拉反接制动时需要（　　）。

  A．转子串入较大的电阻　　　　　　B．改变电源的相序

　　C．定子通入直流电　　　　　　　　D．改变转子的相序

479．三相异步电动机电源反接制动的过程可用（　　）来控制。

　　A．电压继电器　　B．电流继电器　　C．时间继电器　　D．速度继电器

480．三相笼型异步电动机电源反接制动时需要在（　　）中串入限流电阻。

　　A．直流回路　　B．控制回路　　C．定子回路　　D．转子回路

481．三相异步电动机再生制动时，将机械能转换为电能，回馈到（　　）。

　　A．负载　　　　B．转子绕组　　C．定子绕组　　D．电网

482．三相异步电动机再生制动时，转子的转向与旋转磁场相同，转速（　　）同步转速。

　　A．小于　　　　B．大于　　　　C．等于　　　　D．小于等于

483．三相异步电动机的各种电气制动方法中，最节能的制动方法是（　　）。

　　A．再生制动　　B．能耗制动　　C．反接制动　　D．机械制动

484．三相异步电动机再生制动时，定子绕组中流过（　　）。

　　A．高压电　　　B．直流电　　C．三相交流电　　D．单相交流电

485．同步电动机可采用的启动方法是（　　）。

　　A．转子串频敏变阻器启动　　　　B．转子串三级电阻启动

　　C．Y－△启动法　　　　　　　　D．异步启动法

486．同步电动机可采用的启动方法是（　　）。

　　A．转子串三级电阻启动　　　　　B．转子串频敏变阻器启动

　　C．变频启动法　　　　　　　　　D．Y－△启动法

487．同步电动机采用异步启动法启动时，转子励磁绕组应该（　　）。

　　A．接到规定的直流电源　　　　　B．串入一定的电阻后短接

　　C．开路　　　　　　　　　　　　D．短路

488．M7130型平面磨床的主电路中有三台电动机，使用了（　　）热继电器。

　　A．三个　　　　B．四个　　　　C．一个　　　　D．两个

489．M7130型平面磨床的主电路中有（　　）熔断器。

　　A．3组　　　　B．2组　　　　C．1组　　　　D．4组

490．M7130型平面磨床的主电路中有（　　）接触器。

　　A．三个　　　　B．两个　　　　C．一个　　　　D．四个

491．M7130型平面磨床控制电路的控制信号主要来自（　　）。

　　A．工控机　　　B．变频器　　C．按钮　　　　D．触摸屏

492．M7130型平面磨床控制电路中的两个热继电器常闭触点的连接方法是（　　）。

　　A．并联　　　　B．串联　　　　C．混联　　　　D．独立

493．M7130型平面磨床控制线路中整流变压器安装在配电板的（　　）。

　　A．左方　　　　B．右方　　　　C．上方　　　　D．下方

494．M7130型平面磨床控制电路中串接着转换开关QS2的常开触点和（　　）。

　　A．欠电流继电器KUC的常开触点　　B．欠电流继电器KUC的常闭触点

　　C．过电流继电器KUC的常开触点　　D．过电流继电器KUC的常闭触点

495. M7130 型平面磨床控制线路中导线截面最粗的是（　　　）。

　　A. 连接砂轮电动机 M1 的导线　　　　B. 连接电源开关 QS1 的导线

　　C. 连接电磁吸盘 YH 的导线　　　　　D. 连接转换开关 QS2 的导线

496. M7130 型平面磨床控制线路中导线截面最细的是（　　　）。

　　A. 连接砂轮电动机 M1 的导线　　　　B. 连接电源开关 QS1 的导线

　　C. 连接电磁吸盘 YH 的导线　　　　　D. 连接冷却泵电动机 M2 的导线

497. M7130 型平面磨床中，冷却泵电动机 M2 必须在（　　　）运行后才能启动。

　　A. 照明变压器　　　　　　　　　　　B. 伺服驱动器

　　C. 液压泵电动机 M3　　　　　　　　 D. 砂轮电动机 M1

498. M7130 型平面磨床中，（　　　）工作后砂轮和工作台才能进行磨削加工。

　　A. 电磁吸盘 YH　　　　　　　　　　B. 热继电器

　　C. 速度继电器　　　　　　　　　　　D. 照明变压器

499. M7130 型平面磨床中，砂轮电动机和液压泵电动机都采用了接触器（　　　）控制电路。

　　A. 自锁反转　　　　　　　　　　　　B. 自锁正转

　　C. 互锁正转　　　　　　　　　　　　D. 互锁反转

500. M7130 型平面磨床的三台电动机都不能启动的原因之一是（　　　）。

　　A. 接插器 X2 损坏　　　　　　　　　B. 接插器 X1 损坏

　　C. 热继电器的常开触点断开　　　　　D. 热继电器的常闭触点断开

501. M7130 型平面磨床的三台电动机都不能启动的原因之一是（　　　）。

　　A. 接触器 KM1 损坏

　　B. 接触器 KM2 损坏

　　C. 欠电流继电器 KUC 的触点接触不良

　　D. 接插器 X1 损坏

502. M7130 型平面磨床中砂轮电动机的热继电器动作的原因之一是（　　　）。

　　A. 电源熔断器 FU1 烧断两个　　　　B. 砂轮进给量过大

　　C. 液压泵电动机过载　　　　　　　　D. 接插器 X2 接触不良

503. M7130 型平面磨床中电磁吸盘吸力不足的原因之一是（　　　）。

　　A. 电磁吸盘的线圈内有匝间短路　　　B. 电磁吸盘的线圈内有开路点

　　C. 整流变压器开路　　　　　　　　　D. 整流变压器短路

504. M7130 型平面磨床中三台电动机都不能启动，电源开关 QS1 和各熔断器正常，转换开关 QS2 和欠电流继电器 KUC 也正常，则需要检查修复（　　　）。

　　A. 照明变压器 T2　　　　　　　　　 B. 热继电器

　　C. 接插器 X1　　　　　　　　　　　 D. 接插器 X2

505. M7130 型平面磨床中三台电动机都不能启动，转换开关 QS2 正常，熔断器和热继电器也正常，则需要检查修复（　　　）。

　　A. 欠电流继电器 KUC　　　　　　　 B. 接插器 X1

　　C. 接插器 X2　　　　　　　　　　　 D. 照明变压器 T2

506. M7130 型平面磨床中，砂轮电动机的热继电器经常动作，轴承正常，砂轮进给量正常，则需要检查和调整（　　　）。
    A. 照明变压器　　　　　　　　　B. 整流变压器
    C. 热继电器　　　　　　　　　　D. 液压泵电动机

507. M7130 型平面磨床中，电磁吸盘退磁不好使工件取下困难，但退磁电路正常，退磁电压也正常，则需要检查和调整（　　　）。
    A. 退磁功率　　　B. 退磁频率　　　C. 退磁电流　　　D. 退磁时间

508. C6150 型车床主电路中有（　　　）台电动机需要正反转。
    A. 1　　　　　　B. 4　　　　　　C. 3　　　　　　D. 2

509. C6150 型车床主轴电动机通过（　　　）控制正反转。
    A. 手柄　　　　B. 接触器　　　　C. 断路器　　　　D. 热继电器

510. C6150 型车床主轴电动机反转、电磁离合器 YC1 通电时，主轴的转向为（　　　）。
    A. 正转　　　　B. 反转　　　　C. 高速　　　　D. 低速

511. C6150 型车床控制电路中有（　　　）普通按钮。
    A. 2 个　　　　B. 3 个　　　　C. 4 个　　　　D. 5 个

512. C6150 型车床控制电路中有（　　　）行程开关。
    A. 3 个　　　　B. 4 个　　　　C. 5 个　　　　D. 6 个

513. C6150 型车床控制线路中变压器安装在配电板的（　　　）。
    A. 左方　　　　B. 右方　　　　C. 上方　　　　D. 下方

514. C6150 型车床的照明灯为了保证人身安全，配线时要（　　　）。
    A. 保护接地　　　B. 不接地　　　C. 保护接零　　　D. 装漏电保护器

515. C6150 型车床的 4 台电动机中，配线最粗的是（　　　）。
    A. 快速移动电动机　　　　　　　B. 冷却液电动机
    C. 主轴电动机　　　　　　　　　D. 润滑泵电动机

516. C6150 型车床控制电路中照明灯的额定电压是（　　　）。
    A. 交流 10 V　　B. 交流 24 V　　C. 交流 30 V　　D. 交流 6 V

517. C6150 型车床快速移动电动机通过（　　　）控制正反转。
    A. 三位置自动复位开关　　　　　B. 两个交流接触器
    C. 两个低压断路器　　　　　　　D. 三个热继电器

518. C6150 型车床（　　　）的正反转控制线路具有中间继电器互锁功能。
    A. 冷却液电动机　　　　　　　　B. 主轴电动机
    C. 快速移动电动机　　　　　　　D. 主轴

519. C6150 型车床（　　　）的正反转控制线路具有接触器互锁功能。
    A. 冷却液电动机　　　　　　　　B. 主轴电动机
    C. 快速移动电动机　　　　　　　D. 润滑油泵电动机

520. C6150 型车床主电路中（　　　）触点接触不良将造成主轴电动机不能正转。
    A. 转换开关　　　B. 中间继电器　　　C. 接触器　　　D. 行程开关

521. C6150 型车床控制电路无法工作的原因是（　　　）。

    A. 接触器 KM1 损坏   B. 控制变压器 TC 损坏

    C. 接触器 KM2 损坏   D. 三位置自动复位开关 SA1 损坏

522. C6150 型车床控制电路中的中间继电器 KA1 和 KA2 常闭触点故障时会造成 （   ）。

    A. 主轴无制动   B. 主轴电动机不能启动

    C. 润滑油泵电动机不能启动   D. 冷却液电动机不能启动

523. C6150 型车床 4 台电动机都缺相无法启动时，应首先检修 （   ）。

    A. 电源进线开关   B. 接触器 KM1

    C. 三位置自动复位开关 SA1   D. 控制变压器 TC

524. C6150 型车床其他正常，而主轴无制动时，应重点检修 （   ）。

    A. 电源进线开关   B. 接触器 KM1 和 KM2 的常闭触点

    C. 控制变压器 TC   D. 中间继电器 KA1 和 KA2 的常闭触点

525. C6150 型车床主轴电动机只能正转不能反转时，应首先检修 （   ）。

    A. 电源进线开关   B. 接触器 KM1 或 KM2

    C. 三位置自动复位开关 SA1   D. 控制变压器 TC

526. C6150 型车床主电路有电，控制电路不能工作时，应首先检修 （   ）。

    A. 电源进线开关   B. 接触器 KM1 或 KM2

    C. 控制变压器 TC   D. 三位置自动复位开关 SA1

527. Z3040 型摇臂钻床主电路中有 （   ）台电动机。

    A. 1   B. 3   C. 4   D. 2

528. Z3040 型摇臂钻床主电路中有四台电动机，用了 （   ）个接触器。

    A. 6   B. 5   C. 4   D. 3

529. Z3040 型摇臂钻床主电路中的四台电动机，有 （   ）台电动机需要正反转控制。

    A. 2   B. 3   C. 4   D. 1

530. Z3040 型摇臂钻床中的主轴电动机，（   ）。

    A. 由接触器 KM1 控制单向旋转

    B. 由接触器 KM1 和 KM2 控制正反转

    C. 由接触器 KM1 控制点动工作

    D. 由接触器 KM1 和 KM2 控制点动正反转

531. Z3040 型摇臂钻床主轴电动机的控制按钮安装在 （   ）。

    A. 摇臂上   B. 立柱外壳   C. 底座上   D. 主轴箱外壳

532. Z3040 型摇臂钻床中主轴箱与立柱的夹紧和放松控制按钮安装在 （   ）。

    A. 摇臂上   B. 主轴箱移动手轮上

    C. 主轴箱外壳   D. 底座上

533. Z3040 型摇臂钻床中摇臂上升下降的控制按钮安装在 （   ）。

    A. 摇臂上   B. 立柱外壳   C. 主轴箱外壳   D. 底座上

534. Z3040 型摇臂钻床中的摇臂升降电动机，（   ）。

    A. 由接触器 KM1 控制单向旋转

      B. 由接触器 KM2 和 KM3 控制点动正反转

      C. 由接触器 KM2 控制点动工作

      D. 由接触器 KM1 和 KM2 控制自动往返工作

535. Z3040 型摇臂钻床中的控制变压器比较重，所以应该安装在配电板的（　　）。

      A. 下方　　　　　　B. 上方　　　　　　C. 右方　　　　　　D. 左方

536. Z3040 型摇臂钻床中的局部照明灯由控制变压器供给（　　）安全电压。

      A. 交流 6 V　　　　B. 交流 10 V　　　　C. 交流 30 V　　　　D. 交流 24 V

537. Z3040 型摇臂钻床主轴电动机由按钮和接触器构成的（　　）控制电路来控制。

      A. 单向启动停止B. 正反转　　　　C. 点动　　　　　　D. 减压启动

538. Z3040 型摇臂钻床中的液压泵电动机，（　　）。

      A. 由接触器 KM1 控制单向旋转

      B. 由接触器 KM2 和 KM3 控制点动正反转

      C. 由接触器 KM4 和 KM5 控制实行正反转

      D. 由接触器 KM1 和 KM2 控制自动往返工作

539. Z3040 型摇臂钻床的液压泵电动机由按钮、行程开关、时间继电器和接触器等构成的（　　）控制电路来控制。

      A. 单向启动停止　　　　　　　　B. 自动往返

      C. 正反转短时　　　　　　　　　D. 减压启动

540. Z3040 型摇臂钻床中利用（　　）实行摇臂上升与下降的限位保护。

      A. 电流继电器　　B. 光电开关　　　C. 按钮　　　　　　D. 行程开关

541. Z3040 型摇臂钻床的冷却泵电动机由（　　）控制。

      A. 接插器　　　　B. 接触器　　　　C. 按钮点动　　　　D. 手动开关

542. Z3040 型摇臂钻床中液压泵电动机的正反转具有（　　）功能。

      A. 接触器互锁　　B. 双重互锁　　　C. 按钮互锁　　　　D. 电磁阀互锁

543. Z3040 型摇臂钻床中利用（　　）实现升降电动机断开电源完全停止后才开始夹紧的联锁。

      A. 压力继电器　　B. 时间继电器　　C. 行程开关　　　　D. 控制按钮

544. Z3040 型摇臂钻床中摇臂不能升降的可能原因是（　　）。

      A. 时间继电器定时不合适　　　　B. 行程开关 SQ3 位置不当

      C. 三相电源相序接反　　　　　　D. 主轴电动机故障

545. Z3040 型摇臂钻床中摇臂不能夹紧的可能原因是（　　）。

      A. 行程开关 SQ2 安装位置不当　　B. 时间继电器定时不合适

      C. 主轴电动机故障　　　　　　　D. 液压系统故障

546. Z3040 型摇臂钻床中摇臂不能夹紧的可能原因是（　　）。

      A. 速度继电器位置不当　　　　　B. 行程开关 SQ3 位置不当

      C. 时间继电器定时不合适　　　　D. 主轴电动机故障

547. Z3040 型摇臂钻床中摇臂不能升降的原因是摇臂松开后 KM2 回路不通时，应

（　　）。

  A. 调整行程开关 SQ2 位置　　　　　　B. 重接电源相序

  C. 更换液压泵　　　　　　　　　　　D. 调整速度继电器位置

548. Z3040 型摇臂钻床中摇臂不能升降的原因是液压泵转向不对时，应（　　）。

  A. 调整行程开关 SQ2 位置　　　　　　B. 重接电源相序

  C. 更换液压泵　　　　　　　　　　　D. 调整行程开关 SQ3 位置

549. Z3040 型摇臂钻床中摇臂不能夹紧的原因是液压系统压力不够时，应（　　）。

  A. 调整行程开关 SQ2 位置　　　　　　B. 重接电源相序

  C. 更换液压泵　　　　　　　　　　　D. 调整行程开关 SQ3 位置

550. Z3040 型摇臂钻床中摇臂不能夹紧的原因是液压泵电动机过早停转时，应（　　）。

  A. 调整速度继电器位置　　　　　　　B. 重接电源相序

  C. 更换液压泵　　　　　　　　　　　D. 调整行程开关 SQ3 位置

551. 光电开关的接收器部分包含（　　）。

  A. 定时器　　　B. 调制器　　　C. 发光二极管　　　D. 光电三极管

552. 光电开关的发射器部分包含（　　）。

  A. 计数器　　　B. 解调器　　　C. 发光二极管　　　D. 光电三极管

553. 光电开关按结构可分为（　　）、放大器内藏型和电源内藏型三类。

  A. 放大器组合型　　　　　　　　　　B. 放大器分离型

  C. 电源分离型　　　　　　　　　　　D. 放大器集成型

554. 光电开关将（　　）在发射器上转换为光信号射出。

  A. 输入压力　　　B. 输入光线　　　C. 输入电流　　　D. 输入频率

555. 光电开关的接收器根据所接收到的（　　）对目标物体实现探测，产生开关信号。

  A. 压力大小　　　B. 光线强弱　　　C. 电流大小　　　D. 频率高低

556. 光电开关可以（　　）、无损伤地迅速检测和控制各种固体、液体、透明体、黑体、柔软体、烟雾等物质的状态。

  A. 高亮度　　　B. 小电流　　　C. 非接触　　　D. 电磁感应

557. 新型光电开关具有体制小、功能多、寿命长、（　　）、响应速度快、检测距离远及抗光、电、磁干扰能力强等特点。

  A. 耐压高　　　B. 精度高　　　C. 功率高　　　D. 电流大

558. 当检测高速运动的物体时，应优先选用（　　）光电开关。

  A. 光纤式　　　B. 槽式　　　C. 对射式　　　D. 漫反射式

559. 当被检测物体的表面光亮或其反光率极高时，应优先选用（　　）光电开关。

  A. 光纤式　　　B. 槽式　　　C. 对射式　　　D. 漫反射式

560. 三相异步电动机的位置控制电路中，除了用行程开关外，还可用（　　）。

  A. 断路器　　　B. 速度继电器　　　C. 热继电器　　　D. 光电传感器

561. 下列（　　）场所，有可能造成光电开关的误动作，应尽量避开。

  A．办公室 B．高层建筑 C．气压低 D．灰尘较多

562．光电开关在环境照度较高时，一般都能稳定工作。但应回避（　　）。
  A．强光源 B．微波 C．无线电 D．噪声

563．光电开关的配线不能与（　　）放在同一配线管或线槽内。
  A．光纤线 B．网络线 C．动力线 D．电话线

564．光电开关在几组并列靠近安装时，应防止（　　）。
  A．微波 B．相互干扰 C．无线电 D．噪声

565．高频振荡电感型接近开关主要由（　　）、振荡器、开关器、输出电路等组成。
  A．继电器 B．发光二极管 C．光电二极管 D．感应头

566．高频振荡电感型接近开关的感应头附近有金属物体接近时，接近开关（　　）。
  A．涡流损耗减少   B．振荡电路工作
  C．有信号输出   D．无信号输出

567．高频振荡电感型接近开关的感应头附近有金属物体接近时，接近开关（　　）。
  A．涡流损耗减少   B．无信号输出
  C．振荡电路工作   D．振荡减弱或停止

568．高频振荡电感型接近开关的感应头附近无金属物体接近时，接近开关（　　）。
  A．有信号输出   B．振荡电路工作
  C．振荡减弱或停止   D．产生涡流损耗

569．接近开关的图形符号中有一个（　　）。
  A．长方形 B．平行四边形 C．菱形 D．正方形

570．接近开关的图形符号中，其常开触点部分与（　　）的符号相同。
  A．断路器 B．一般开关 C．热继电器 D．时间继电器

571．接近开关又称无触点行程开关，因此在电路中的符号与行程开关（　　）。
  A．文字符号一样   B．图形符号一样
  C．无区别   D．有区别

572．接近开关的图形符号中，其菱形部分与常开触点部分用（　　）相连。
  A．虚线 B．实线 C．双虚线 D．双实线

573．当检测体为（　　）时，应选用高频振荡型接近开关。
  A．透明材料 B．不透明材料 C．金属材料 D．非金属材料

574．当检测体为非金属材料时，应选用（　　）接近开关。
  A．高频振荡型 B．电容型 C．电阻型 D．阻抗型

575．选用接近开关时应注意对（　　）、负载电流、响应频率、检测距离等各项指标的要求。
  A．工作功率 B．工作频率 C．工作电流 D．工作电压

576．（　　）和干簧管可以构成磁性开关。
  A．永久磁铁 B．继电器 C．二极管 D．三极管

577．磁性开关中的干簧管是利用（　　）来控制的一种开关元件。

     A. 磁场信号   B. 压力信号   C. 温度信号   D. 电流信号

578. 磁性开关中干簧管的工作原理是（　　）。
     A. 与霍尔元件一样   B. 磁铁靠近接通，无磁断开
     C. 通电接通，无电断开   D. 与电磁铁一样

579. 磁性开关干簧管内两个铁质弹性簧片的接通与断开是由（　　）控制的。
     A. 接触器   B. 按钮   C. 电磁铁   D. 永久磁铁

580. 磁性开关的图形符号中，其常开触点部分与（　　）的符号相同。
     A. 断路器   B. 一般开关   C. 热继电器   D. 时间继电器

581. 磁性开关的图形符号中有一个（　　）。
     A. 长方形   B. 平行四边形   C. 菱形   D. 正方形

582. 磁性开关的图形符号中，其菱形部分与常开触点部分用（　　）相连。
     A. 虚线   B. 实线   C. 双虚线   D. 双实线

583. 磁性开关用于（　　）场所时应选金属材质的器件。
     A. 化工企业   B. 真空低压   C. 强酸强碱   D. 高温高压

584. 磁性开关在使用时要注意远离（　　）。
     A. 低温   B. 高温   C. 高电压   D. 大电流

585. 磁性开关在使用时要注意磁铁与（　　）之间的有效距离在 10 mm 左右。
     A. 干簧管   B. 磁铁   C. 触点   D. 外壳

586. 增量式光电编码器主要由（　　）、码盘、检测光栅、光电检测器件和转换电路组成。
     A. 光电三极管   B. 运算放大器   C. 脉冲发生器   D. 光源

587. 增量式光电编码器每产生一个（　　）就对应于一个增量位移。
     A. 输出脉冲信号   B. 输出电流信号
     C. 输出电压信号   D. 输出光脉冲

588. 可以根据增量式光电编码器单位时间内的脉冲数量测出（　　）。
     A. 相对位置   B. 绝对位置   C. 轴加速度   D. 旋转速度

589. 增量式光电编码器可将转轴的角位移和角速度等机械量转换成相应的（　　）以数字量输出。
     A. 功率   B. 电流   C. 电脉冲   D. 电压

590. 增量式光电编码器根据信号传输距离选型时要考虑（　　）。
     A. 输出信号类型   B. 电源频率
     C. 环境温度   D. 空间高度

591. 增量式光电编码器根据输出信号的可靠性选型时要考虑（　　）。
     A. 电源频率   B. 最大分辨率   C. 环境温度   D. 空间高度

592. 增量式光电编码器由于采用相对编码，因此掉电后旋转角度数据（　　），需要重新复位。
     A. 变小   B. 变大   C. 会丢失   D. 不会丢失

593. 增量式光电编码器由于采用固定脉冲信号，因此旋转角度的起始位置（　　）。

A. 是出厂时设定的　　　　　　　B. 可以任意设定

C. 使用前设定后不能变　　　　　D. 固定在码盘上

594. 增量式光电编码器配线延长时，应在（　　）以下。

　　　A. 1 km　　　　B. 100 m　　　　C. 1 m　　　　D. 10 m

595. 增量式光电编码器接线时，应在电源（　　）下进行。

　　　A. 接通状态　　B. 断开状态　　　C. 电压较低状态　D. 电压正常状态

596. 增量式光电编码器的振动，往往会成为（　　）发生的原因。

　　　A. 误脉冲　　　B. 短路　　　　　C. 开路　　　　　D. 高压

597. 可编程序控制器采用了一系列可靠性设计，如（　　）、掉电保护、故障诊断和信息保护及恢复等。

　　　A. 简单设计　　B. 简化设计　　　C. 冗余设计　　　D. 功能设计

598. 可编程序控制器是一种专门在（　　）环境下应用而设计的数字运算操作的电子装置。

　　　A. 工业　　　　B. 军事　　　　　C. 商业　　　　　D. 农业

599. 下列选项不是 PLC 的特点（　　）。

　　　A. 抗干扰能力强　B. 编程方便　　C. 安装调试方便　D. 功能单一

600. 可编程序控制器的特点是（　　）。

　　　A. 不需要大量的活动部件和电子元件，接线大大减少，维修简单，性能可靠

　　　B. 统计运算、计时、计数采用了一系列可靠性设计

　　　C. 数字运算、计时编程简单，操作方便，维修容易，不易发生操作失误

　　　D. 以上都是

601. 可编程序控制器采用大规模集成电路构成的（　　）和存储器来组成逻辑部分。

　　　A. 运算器　　　B. 微处理器　　　C. 控制器　　　　D. 累加器

602. 可编程序控制器系统由（　　）、扩展单元、编程器、用户程序、程序存储器等组成。

　　　A. 基本单元　　B. 键盘　　　　　C. 鼠标　　　　　D. 外围设备

603. 可编程序控制器由（　　）组成。

　　　A. 输入部分、逻辑部分和输出部分　B. 输入部分和逻辑部分

　　　C. 输入部分和输出部分　　　　　　D. 逻辑部分和输出部分

604. PLC 的组成部分不包括（　　）。

　　　A. CPU　　　　B. 存储器　　　　C. 外部传感器　　D. I/O 口

605. FX_{2N} 系列可编程序控制器输入继电器用（　　）表示。

　　　A. X　　　　　B. Y　　　　　　　C. T　　　　　　　D. C

606. FX_{2N} 系列可编程序控制器输出继电器用（　　）表示。

　　　A. X　　　　　B. Y　　　　　　　C. T　　　　　　　D. C

607. FX_{2N} 系列可编程序控制器定时器用（　　）表示。

　　　A. X　　　　　B. Y　　　　　　　C. T　　　　　　　D. C

608. FX$_{2N}$系列可编程序控制器计数器用（　　）表示。

　　A. X 　　　　　　B. Y 　　　　　　C. T 　　　　　　D. C

609. 可编程序控制器通过编程，灵活地改变其控制程序，相当于改变了继电器控制的（　　）。

　　A. 主电路 　　　B. 自锁电路 　　　C. 互锁电路 　　　D. 控制电路

610. 在 PLC 通电后，第一个执行周期（　　）接通，用于计数器和移位寄存器等的初始化（复位）。

　　A. M8000 　　　　B. M8002 　　　　C. M8013 　　　　D. M8034

611. 在 FX$_{2N}$ PLC 中，M8000 线圈用户可以使用（　　）次。

　　A. 3 　　　　　　B. 2 　　　　　　C. 1 　　　　　　D. 0

612. 可编程序控制器采用可以编制程序的存储器，用来在其内部存储执行逻辑运算（　　）和算术运算等操作指令。

　　A. 控制运算、计数 　　　　　　　　B. 统计运算、计时、计数

　　C. 数字运算、计时 　　　　　　　　D. 顺序控制、计时、计数

613. 可编程序控制器（　　）中存放的随机数据掉电即丢失。

　　A. RAM 　　　　B. ROM 　　　　C. EEPROM 　　　D. 以上都是

614. 可编程序控制器（　　）使用锂电池作为后备电池。

　　A. EEPROM 　　　B. ROM 　　　C. RAM 　　　D. 以上都是

615. 可编程控制器在 STOP 模式下，不执行（　　）。

　　A. 输出采样 　　B. 输入采样 　　C. 用户程序 　　D. 输出刷新

616. 可编程控制器在 STOP 模式下，执行（　　）。

　　A. 输出采样 　　B. 输入采样 　　C. 输出刷新 　　D. 以上都执行

617. 可编程序控制器停止时，（　　）阶段停止执行。

　　A. 程序执行 　　B. 存储器刷新 　　C. 传感器采样 　　D. 输入采样

618. 可编程控制器在 RUN 模式下，执行顺序是（　　）。

　　A. 输入采样→执行用户程序→输出刷新

　　B. 执行用户程序→输入采样→输出刷新

　　C. 输入采样→输出刷新→执行用户程序

　　D. 以上都不对

619. PLC 在程序执行阶段，输入信号的改变会在（　　）扫描周期读入。

　　A. 下一个 　　B. 当前 　　　C. 下两个 　　　D. 下三个

620. PLC 程序检查包括（　　）。

　　A. 语法检查、线路检查、其他检查

　　B. 代码检查、语法检查

　　C. 控制线路检查、语法检查

　　D. 主回路检查、语法检查

621. PLC（　　）阶段读入输入信号，将按钮、开关触点、传感器等输入信号读入到存储器内，读入的信号一直保持到下一次该信号再次被读入时为止，即经过一个扫描

周期。

　　　　A. 输出采样　　　B. 输入采样　　　C. 程序执行　　　D. 输出刷新

622. PLC （　　） 阶段把逻辑解读的结果，通过输出部件输出给现场的受控元件。

　　　　A. 输出采样　　　B. 输入采样　　　C. 程序执行　　　D. 输出刷新

623. PLC （　　） 阶段根据读入的输入信号状态，解读用户程序逻辑，按用户逻辑得到正确的输出。

　　　　A. 输出采样　　　B. 输入采样　　　C. 程序执行　　　D. 输出刷新

624. 用 PLC 控制可以节省大量继电器接触器控制电路中的 （　　）。

　　　　A. 交流接触器　　　　　　　　B. 熔断器

　　　　C. 开关　　　　　　　　　　　D. 中间继电器和时间继电器

625. 继电器接触器控制电路中的时间继电器，在 PLC 控制中可以用 （　　） 替代。

　　　　A. T　　　　　　　B. C　　　　　　　C. S　　　　　　　D. M

626. 继电器接触器控制电路中的计数器，在 PLC 控制中可以用 （　　） 替代。

　　　　A. M　　　　　　　B. S　　　　　　　C. C　　　　　　　D. T

627. （　　） 是 PLC 主机的技术性能范围。

　　　　A. 光电传感器　　B. 数据存储区　　C. 温度传感器　　D. 行程开关

628. （　　） 是 PLC 主机的技术性能范围。

　　　　A. 行程开关　　　B. 光电传感器　　C. 温度传感器　　D. 内部标志位

629. （　　） 不是 PLC 主机的技术性能范围。

　　　　A. 本机 I/O 口数量　　　　　　B. 高速计数输入个数

　　　　C. 高速脉冲输出　　　　　　　D. 按钮开关种类

630. FX$_{2N}$ 系列可编程序控制器光电耦合器有效输入电平形式是 （　　）。

　　　　A. 高电平　　　　　　　　　　B. 低电平

　　　　C. 高电平或低电平　　　　　　D. 以上都是

631. FX$_{2N}$ 可编程序控制器 DC 输入型，可以直接接入 （　　） 信号。

　　　　A. AC 24 V　　　　　　　　　B. 4~20 mA 电流

　　　　C. DC 24 V　　　　　　　　　D. DC 0~5 V 电压

632. 对于继电器输出型可编程序控制器其所带负载只能是额定 （　　） 电源供电。

　　　　A. 交流　　　　　B. 直流　　　　　C. 交流或直流　　D. 低压直流

633. 对于晶体管输出型可编程序控制器其所带负载只能是额定 （　　） 电源供电。

　　　　A. 交流　　　　　B. 直流　　　　　C. 交流或直流　　D. 高压直流

634. 对于晶闸管输出型可编程序控制器其所带负载只能是额定 （　　） 电源供电。

　　　　A. 交流　　　　　B. 直流　　　　　C. 交流或直流　　D. 低压直流

635. 对于晶体管输出型 PLC，要注意负载电源为 （　　），并且不能超过额定值。

　　　　A. AC 380 V　　B. AC 220 V　　C. DC 220 V　　D. DC 24 V

636. 对于晶闸管输出型 PLC，要注意负载电源为 （　　），并且不能超过额定值。

　　　　A. AC 600 V　　B. AC 220 V　　C. DC 220 V　　D. DC 24 V

637. FX$_{2N}$ 可编程序控制器 DC 24 V 输出电源，可以为 （　　） 供电。

A. 电磁阀　　　B. 交流接触器　　　C. 负载　　　　D. 光电传感器

638. FX$_{2N}$可编程序控制器（　　）输出反应速度比较快。
A. 继电器型　　　　　　　　　B. 晶体管和晶闸管型
C. 晶体管和继电器型　　　　　D. 继电器和晶闸管型

639. FX$_{2N}$可编程序控制器继电器输出型，不可以（　　）。
A. 输出高速脉冲　　　　　　　B. 直接驱动交流指示灯
C. 驱动额定电流下的交流负载　D. 驱动额定电流下的直流负载

640. FX$_{2N}$可编程序控制器继电器输出型，可以（　　）。
A. 输出高速脉冲　　　　　　　B. 直接驱动交流电动机
C. 驱动大功率负载　　　　　　D. 控制额定电流下的交直流负载

641. FX$_{2N}$-20MT可编程序控制器表示（　　）类型。
A. 继电器输出　　　　　　　　B. 晶闸管输出
C. 晶体管输出　　　　　　　　D. 单结晶体管输出

642. FX$_{2N}$-40MR可编程序控制器，表示F系列（　　）。
A. 基本单元　　　B. 扩展单元　　　C. 单元类型　　　D. 输出类型

643. 可编程序控制器在硬件设计方面采用了一系列措施，如对干扰的（　　）。
A. 屏蔽、隔离和滤波　　　　　B. 屏蔽和滤波
C. 屏蔽和隔离　　　　　　　　D. 隔离和滤波

644. FX$_{2N}$系列可编程序控制器输入隔离采用的形式是（　　）。
A. 变压器　　　B. 电容器　　　C. 光电耦合器　　D. 发光二极管

645. 可编程序控制器在输入端使用了（　　），来提高系统的抗干扰能力。
A. 继电器　　　B. 晶闸管　　　C. 晶体管　　　D. 光电耦合器

646. 检查电源电压波动范围是否在PLC系统允许的范围内。否则要加（　　）。
A. 直流稳压器　　B. 交流稳压器　　C. UPS电源　　D. 交流调压器

647. 对于可编程序控制器电源干扰的抑制，一般采用隔离变压器和交流滤波器来解决，在某些场合还可以采用（　　）电源供电。
A. UPS　　　B. 直流发电机　　　C. 锂电池　　　D. CPU

648. 对于PLC晶体管输出，带感性负载时，需要采取（　　）的抗干扰措施。
A. 在负载两端并联续流二极管和稳压管串联电路
B. 电源滤波
C. 可靠接地
D. 光电耦合器

649. 下列选项（　　）不是可编程序控制器的抗干扰措施。
A. 可靠接地　　B. 电源滤波　　　C. 晶体管输出　　D. 光电耦合器

650. FX$_{2N}$系列可编程序控制器输入常开点用（　　）指令。
A. LD　　　B. LDI　　　C. OR　　　D. ORI

651. FX$_{2N}$系列可编程序控制器常开触点的串联用（　　）指令。
A. AND　　　B. ANI　　　C. ANB　　　D. ORB

652. FX$_{2N}$系列可编程序控制器并联常闭点用（　　）指令。

  A. LD   B. LDI   C. OR   D. ORI

653. FX$_{2N}$系列可编程序控制器中回路并联连接用（　　）指令。

  A. AND   B. ANI   C. ANB   D. ORB

654. 在一个程序中，同一地址号的线圈（　　）次输出，且继电器线圈不能串联只能并联。

  A. 只能有一 B. 只能有二 C. 只能有三 D. 无限

655. PLC 梯形图编程时，右端输出继电器的线圈只能并联（　　）个。

  A. 三   B. 二   C. 一   D. 不限

656. PLC 控制程序，由（　　）部分构成。

  A. 一   B. 二   C. 三   D. 无限

657. 对于小型开关量 PLC 梯形图程序，一般只有（　　）。

  A. 初始化程序 B. 子程序 C. 中断程序 D. 主程序

658. PLC 编程时，主程序可以有（　　）个。

  A. 一   B. 二   C. 三   D. 无限

659. PLC 编程时，子程序可以有（　　）个。

  A. 无限   B. 三   C. 二   D. 一

660. （　　）是可编程序控制器使用较广的编程方式。

  A. 功能表图 B. 梯形图 C. 位置图 D、逻辑图

661. 可编程序控制器的梯形图规定串联和并联的触点数是（　　）。

  A. 有限的 B. 无限的 C. 最多8个 D. 最多16个

662. PLC 梯形图编程时，输出继电器的线圈并联在（　　）。

  A. 左端   B. 右端   C. 中间   D. 不限

663. 在 FX$_{2N}$ PLC 中，T200 的定时精度为（　　）。

  A. 1 ms   B. 10 ms C. 100 ms D. 1 s

664. 在 FX$_{2N}$ PLC 中，（　　）是积算定时器。

  A. T0   B. T100   C. T245   D. T255

665. PLC 的辅助继电器、定时器、计数器、输入和输出继电器的触点可使用（　　）次。

  A. 一   B. 二   C. 三   D. 无限

666. 对于复杂的 PLC 梯形图设计时，一般采用（　　）。

  A. 经验法   B. 顺序控制设计法

  C. 子程序   D. 中断程序

667. 计算机对 PLC 进行程序下载时，需要使用配套的（　　）。

  A. 网络线 B. 接地线 C. 电源线 D. 通信电缆

668. 三菱 GX Developer PLC 编程软件可以对（　　）PLC 进行编程。

  A. A 系列 B. Q 系列 C. FX 系列 D. 以上都可以

669. 各种型号 PLC 的编程软件是（　　）。

    A．用户自编的　　B．自带的　　　　C．不通用的　　　D．通用的

670．PLC 编程软件通过计算机，可以对 PLC 实施（　　）。

    A．编程　　　　　B．运行控制　　　C．监控　　　　　D．以上都是

671．将程序写入可编程序控制器时，首先将（　　）清零。

    A．存储器　　　　B．计数器　　　　C．计时器　　　　D．计算器

672．可编程序控制器的接地线截面一般大于（　　）mm^2。

    A．1　　　　　　　B．1.5　　　　　　C．2　　　　　　　D．2.5

673．PLC 总体检查时，首先检查电源指示灯是否亮。如果不亮，则检查（　　）。

    A．电源电路　　　　　　　　　　　B．有何异常情况发生

    C．熔丝是否完好　　　　　　　　　D．输入输出是否正常

674．PLC 外部环境检查时，当湿度过大时应考虑装（　　）。

    A．风扇　　　　　B．加热器　　　　C．空调　　　　　D．除尘器

675．为避免（　　）和数据丢失，可编程序控制器装有锂电池，当锂电池电压降至相应的信号灯亮时，要及时更换电池。

    A．地址　　　　　B．指令　　　　　C．程序　　　　　D．序号

676．根据电动机正反转梯形图，下列指令正确的是（　　）。

    A．ORI Y001　　B．LD X000　　　C．AND X001　　D．AND X002

677．根据电动机正反转梯形图，下列指令正确的是（　　）。

    A．ORI Y002　　B．LDI X001　　　C．ANDI X000　　D．AND X002

678．根据电动机正反转梯形图，下列指令正确的是（　　）。

A. ORI Y002　　B. LDI X001　　　C. AND X000　　　D. ANDI X002

679. 根据电动机顺序启动梯形图，下列指令正确的是（　　）。

A. LDI X000　　B. AND T20　　　C. AND X001　　　D. OUT T20 K30

680. 根据电动机顺序启动梯形图，下列指令正确的是（　　）。

A. ORI Y001　　B. ANDI T20　　　C. AND X001　　　D. AND X002

681. 根据电动机顺序启动梯形图，下列指令正确的是（　　）。

A. ORI Y001　　B. LDI X000　　　C. AND X001　　　D. ANDI X002

682. 根据电动机自动往返梯形图，下列指令正确的是（　　）。

A. LDI X002　　B. ORI Y002　　　C. AND Y001　　　D. ANDI X003

683. 根据电动机自动往返梯形图，下列指令正确的是（　　）。

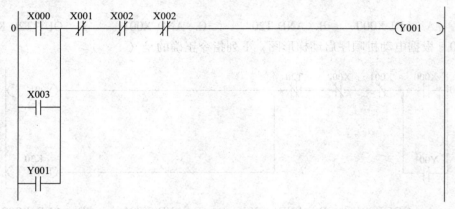

A. LDI X002　　B. AND X001　　　C. OR Y002　　　D. AND Y001

684. 根据电动机自动往返梯形图，下列指令正确的是（　　）。

A. LDI X000　　B. AND X001　　　C. OUT Y002　　　D. ANDI X002

685. 根据电动机自动往返梯形图，下列指令正确的是（　　）。

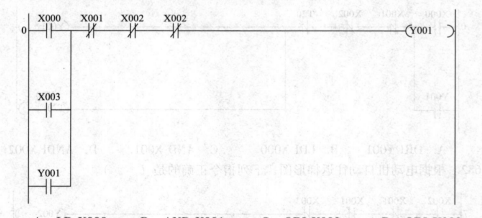

A. LD X000　　　B. AND X001　　　C. ORI X003　　　D. ORI Y002

686. FX 编程器的显示内容包括地址、数据、工作方式、（　　）情况和系统工作状态等。

A. 位移储存器　　B. 参数　　　　　C. 程序　　　　　D. 指令执行

687. 变频器是把电压、频率固定的交流电变换成（　　）可调的交流电的变换器。

A. 电压、频率　　　　　　　　　　B. 电流、频率

C. 电压、电流　　　　　　　　　　D. 相位、频率

688. 变频器是通过改变交流电动机定子电压、频率等参数来（　　）的装置。
    A. 调节电动机转速　　　　　　B. 调节电动机转矩
    C. 调节电动机功率　　　　　　D. 调节电动机性能

689. 用于（　　）变频调速的控制装置统称为"变频器"。
    A. 感应电动机　　　　　　　　B. 同步发电机
    C. 交流伺服电动机　　　　　　D. 直流电动机

690. 电压型逆变器采用电容滤波，电压较稳定，（　　），调速动态响应较慢，适用于多电动机转动及不可逆系统。
    A. 输出电流为矩形波或阶梯波　B. 输出电压为矩形波或阶梯波
    C. 输出电压为尖脉冲　　　　　D. 输出电流为尖脉冲

691. 在 SPWM 逆变器中主电路开关器件较多采用（　　）。
    A. IGBT　　　B. 普通晶闸管　　　C. GTO　　　D. MCT

692. FR – A700 系列是三菱（　　）变频器。
    A. 多功能高性能　　　　　　　B. 经济型高性能
    C. 水泵和风机专用型　　　　　D. 节能型轻负载

693. 就交流电动机各种启动方式的主要技术指标来看，性能最佳的是（　　）。
    A. 全压启动　　B. 恒压启动　　C. 变频启动　　D. 软启动

694. 就交流电动机各种启动方式的主要技术指标来看，性能最佳的是（　　）。
    A. 串电感启动　　B. 串电阻启动　　C. 软启动　　D. 变频启动

695. 三相异步电动机的下列启动方法中，性能最好的是（　　）。
    A. 直接启动　　B. 减压启动　　C. 变频启动　　D. 变极启动

696. 交—交变频装置输出频率受限制，最高频率不超过电网频率的（　　），所以通常只适用于低速大功率拖动系统。
    A. 1/2　　　　B. 3/4　　　　C. 1/5　　　　D. 2/3

697. 西门子 MM440 变频器可外接开关量，输入端⑤～⑧端作多段速给定端，可预置（　　）个不同的给定频率值。
    A. 15　　　　B. 16　　　　C. 4　　　　D. 8

698. 在变频器的几种控制方式中，其动态性能比较的结论是：（　　）。
    A. 转差型矢量控制系统优于无速度检测器的矢量控制系统
    B. U/f 控制优于转差频率控制
    C. 转差频率控制优于矢量控制
    D. 无速度检测器的矢量控制系统优于转差型矢量控制系统

699. 变频器常见的各种频率给定方式中，最易受干扰的方式是（　　）方式。
    A. 键盘给定　　　　　　　　　B. 模拟电压信号给定
    C. 模拟电流信号给定　　　　　D. 通信方式给定

700. 基本频率是变频器对电动机进行恒功率控制和恒转矩控制的分界线，应按（　　）设定。
    A. 电动机额定电压时允许的最小频率

B. 上限工作频率

C. 电动机的允许最高频率

D. 电动机的额定电压时允许的最高频率

701. （　　）是变频器对电动机进行恒功率控制和恒转矩控制的分界线，应按电动机的额定频率设定。

A. 基本频率　　　B. 最高频率　　　C. 最低频率　　　D. 上限频率

702. 变频器输出侧技术数据中（　　）是用户选择变频器容量时的主要依据。

A. 额定输出电流　　　　　　　　B. 额定输出电压

C. 输出频率范围　　　　　　　　D. 配用电动机容量

703. 变频器中的直流制动是克服低速爬行现象而设置的，拖动负载惯性越大，（　　）设定值越高。

A. 直流制动电压　　　　　　　　B. 直流制动时间

C. 直流制动电流　　　　　　　　D. 制动起始频率

704. 交流电动机最佳的启动效果是：（　　）。

A. 启动电流越小越好　　　　　　B. 启动电流越大越好

C. （可调）恒流启动　　　　　　D. （可调）恒压启动

705. 变频器的主电路接线时须采取强制保护措施，电源侧加（　　）。

A. 熔断器与交流接触器　　　　　B. 熔断器

C. 漏电保护器　　　　　　　　　D. 热继电器

706. 在变频器的输出侧切勿安装（　　）。

A. 移相电容　　　B. 交流电抗器　　　C. 噪声滤波器　　　D. 测试仪表

707. 变频器输入端安装交流电抗器的作用有（　　）。

A. 改善电流波形、限流

B. 减小干扰、限流

C. 保护器件、改善电流波形、减小干扰

D. 限流、与电源匹配

708. 西门子 MM420 变频器的主电路电源端子（　　）需经交流接触器和保护用断路器与三相电源连接。但不宜采用主电路的通、断进行变频器的运行与停止操作。

A. X、Y、Z　　　B. U、V、W　　　C. L1、L2、L3　　　D. A、B、C

709. 变频器的干扰有：电源干扰、地线干扰、串扰、公共阻抗干扰等。尽量缩短电源线和地线是竭力避免（　　）。

A. 电源干扰　　　B. 地线干扰　　　C. 串扰　　　　　　D. 公共阻抗干扰

710. 变频器的控制电缆布线应尽可能远离供电电源线，（　　）。

A. 用平行电缆且单独走线槽　　　B. 用屏蔽电缆且汇入走线槽

C. 用屏蔽电缆且单独走线槽　　　D. 用双绞线且汇入走线槽

711. 变频器在基频以下调速时，调频时须同时调节（　　），以保持电磁转矩基本不变。

A. 定子电源电压　　　　　　　　B. 定子电源电流

C. 转子阻抗 D. 转子电流

712. 如果启动或停车时变频器出现过流，应重新设定（　　）。
   A. 加速时间或减速时间 B. 过流保护值
   C. 电动机参数 D. 基本频率

713. 交—交变频装置通常只适用于（　　）拖动系统。
   A. 低速大功率 B. 高速大功率
   C. 低速小功率 D. 高速小功率

714. 变频器有时出现轻载时过电流保护，原因可能是（　　）。
   A. 变频器选配不当 B. U/f 比值过小
   C. 变频器电路故障 D. U/f 比值过大

715. 变频器停车过程中出现过电压故障，原因可能是（　　）。
   A. 斜波时间设置过短 B. 转矩提升功能设置不当
   C. 散热不良 D. 电源电压不稳

716. 软启动器在（　　）下，一台软启动器才有可能启动多台电动机。
   A. 跨越运行模式 B. 节能运行模式
   C. 接触器旁路运行模式 D. 调压调速运行模式

717. 软启动器的突跳转矩控制方式主要用于（　　）。
   A. 轻载启动 B. 重载启动 C. 风机启动 D. 离心泵启动

718. 软启动器具有轻载节能运行功能的关键在于（　　）。
   A. 选择最佳电压来降低气隙磁通 B. 选择最佳电流来降低气隙磁通
   C. 提高电压来降低气隙磁通 D. 降低电压来降低气隙磁通

719. 软启动器具有节能运行功能，在正常运行时，能依据负载比例自动调节输出电压，使电动机运行在最佳效率的工作区，最适合应用于（　　）。
   A. 间歇性变化的负载 B. 恒转矩负载
   C. 恒功率负载 D. 泵类负载

720. 软启动器（　　）常用于短时重复工作的电动机。
   A. 跨越运行模式 B. 接触器旁路运行模式
   C. 节能运行模式 D. 调压调速运行模式

721. 低压软启动器的主电路通常采用（　　）形式。
   A. 电阻调压 B. 自耦调压
   C. 开关变压器调压 D. 晶闸管调压

722. 软启动器中晶闸管调压电路采用（　　）时，主电路中电流谐波最小。
   A. 三相全控 Y 联结 B. 三相全控 Y0 联结
   C. 三相半控 Y 联结 D. 星－三角联结

723. 软启动器的晶闸管调压电路组件主要由（　　）、控制单元、限流器、通信模块等选配模块组成。
   A. 动力底座 B. Profibus 模块
   C. 隔离器模块 D. 热过载保护模块

724. 软启动器的主电路采用（   ）交流调压器，用连续地改变其输出电压来保证恒流启动。
    A. 晶闸管变频控制   B. 晶闸管 PWM 控制
    C. 晶闸管相位控制   D. 晶闸管周波控制

725. 可用于标准电路和内三角电路的西门子软启动器型号是：（   ）。
    A. 3RW30   B. 3RW31   C. 3RW22   D. 3RW34

726. 西普 STR 系列（   ）软启动器，是内置旁路、集成型。
    A. A 型   B. B 型   C. C 型   D. L 型

727. 交流笼型异步电动机的启动方式有：星－三角启动、自耦减压启动、定子串电阻启动和软启动等。从启动性能上讲，最好的是（   ）。
    A. 星－三角启动   B. 自耦减压启动
    C. 串电阻启动   D. 软启动

728. 变频器常见的频率给定方式主要有操作器键盘给定、控制输入端给定、模拟信号给定及通信方式给定等，来自 PLC 控制系统的给定不采用（   ）方式。
    A. 键盘给定   B. 控制输入端给定
    C. 模拟信号给定   D. 通信方式给定

729. 变频启动方式比软启动器的启动转矩（   ）。
    A. 大   B. 小   C. 一样   D. 小很多

730. 软启动器的主要参数有：（   ）、电动机功率、每小时允许启动次数、额定功耗等。
    A. 额定尺寸   B. 额定磁通   C. 额定工作电流   D. 额定电阻

731. 软启动器的功能调节参数有：（   ）、启动参数、停车参数。
    A. 运行参数   B. 电阻参数   C. 电子参数   D. 电源参数

732. 水泵停车时，软启动器应采用（   ）。
    A. 自由停车   B. 软停车   C. 能耗制动停车   D. 反接制动停车

733. 软启动器对搅拌机等静阻力矩较大的负载应采取（   ）方式。
    A. 转矩控制启动   B. 电压斜坡启动
    C. 加突跳转矩控制启动   D. 限流软启动

734. 变频器所采用的制动方式一般有能耗制动、回馈制动、（   ）等几种。
    A. 失电制动   B. 失速制动   C. 交流制动   D. 直流制动

735. 软启动器主电路中接三相异步电动机的端子是（   ）。
    A. A、B、C   B. X、Y、Z   C. U1、V1、W1   D. L1、L2、L3

736. 软启动器旁路接触器必须与软启动器的输入和输出端一一对应接正确，（   ）。
    A. 要就近安装接线   B. 允许变换相序
    C. 不允许变换相序   D. 要做好标识

737. 软启动器可用于频繁或不频繁启动，建议每小时不超过（   ）次。
    A. 20   B. 5   C. 100   D. 10

738. 内三角接法软启动器只需承担（　　　）的电动机线电流。

    A. 1/3   B. 1/3   C. 3   D. 3

739. 软启动器的（　　　）功能用于防止离心泵停车时的"水锤效应"。

    A. 软停机   B. 非线性软制动   C. 自由停机   D. 直流制动

740. 软启动器对（　　　）负载应采取加突跳转矩控制的启动方式。

    A. 水泵类   B. 风机类

    C. 静阻力矩较大的   D. 静阻力矩较小的

741. 接通主电源后，软启动器虽处于待机状态，但电动机有嗡嗡响。此故障不可能的原因是（　　　）。

    A. 晶闸管短路故障   B. 旁路接触器有触点粘连

    C. 触发电路不工作   D. 启动线路接线错误

742. 软启动器的日常维护一定要由（　　　）进行操作。

    A. 专业技术人员   B. 使用人员

    C. 设备管理部门   D. 销售服务人员

743. 凝露的干燥是为了防止因潮湿而降低软启动器的（　　　），及其可能造成的危害。

    A. 使用效率   B. 绝缘等级   C. 散热效果   D. 接触不良

二、判断题

1. （　　）职业道德是指从事一定职业的人们，在长期职业活动中形成的操作技能。

2. （　　）职业道德不倡导人们的牟利最大化观。

3. （　　）在市场经济条件下，克服利益导向是职业道德社会功能的表现。

4. （　　）企业文化对企业具有整合的功能。

5. （　　）职业道德对企业起到增强竞争力的作用。

6. （　　）向企业员工灌输的职业道德太多了，容易使员工产生谨小慎微的观念。

7. （　　）事业成功的人往往具有较高的职业道德。

8. （　　）从业人员在职业活动中，要求做到仪表端庄、语言规范、举止得体、待人热情。

9. （　　）在职业活动中一贯地诚实守信会损害企业的利益。

10. （　　）办事公道是指从业人员在进行职业活动时要做到助人为乐，有求必应。

11. （　　）要做到办事公道，在处理公私关系时，要公私不分。

12. （　　）市场经济时代，勤劳是需要的，而节俭则不宜提倡。

13. （　　）创新既不能墨守成规，也不能标新立异。

14. （　　）职业纪律中包括群众纪律。

15. （　　）职业纪律是企业的行为规范，职业纪律具有随意性的特点。

16. （　　）爱岗敬业作为职业道德的内在要求，指的是员工只需要热爱自己特别喜欢的工作岗位。

17. （　　）职业活动中，每位员工都必须严格执行安全操作规程。

18. （　）没有生命危险的职业活动中，不需要制定安全操作规程。

19. （　）工作不分大小，都要认真负责。

20. （　）领导亲自安排的工作一定要认真负责，其他工作可以马虎一点。

21. （　）企业活动中，员工之间要团结合作。

22. （　）在日常工作中，要关心和帮助新职工、老职工。

23. （　）企业员工对配备的工具要经常清点，放置在规定的地点。

24. （　）企业员工在生产经营活动中，只要着装整洁就行，不一定要穿名贵服装。

25. （　）员工在职业交往活动中，尽力在服饰上突出个性是符合仪表端庄具体要求的。

26. （　）不管是工作日还是休息日，都穿工作服是一种受鼓励的良好着装习惯。

27. （　）文明生产是指生产的科学性，要创造一个保证质量的内部条件和外部条件。

28. （　）文明生产对提高生产效率是不利的。

29. （　）生产任务紧的时候放松文明生产的要求是允许的。

30. （　）非金属材料的电阻率随温度升高而下降。

31. （　）部分电路欧姆定律反映了在含电源的一段电路中，电流与这段电路两端的电压及电阻的关系。

32. （　）线性电阻与所加电压成正比、与流过电流成反比。

33. （　）几个相同大小的电阻的一端连在电路中的一点，另一端也同时连在另一点，使每个电阻两端都承受相同的电压，这种联结方式叫电阻的并联。

34. （　）基尔霍夫定律包括节点电流定律、回路电压定律，但回路只能是闭合的线路。

35. （　）电容器通直流断交流。

36. （　）在感性负载两端并联合适的电容器，可以减小电源供给负载的无功功率。

37. （　）电解电容有正、负极，使用时正极接高电位，负极接低电位。

38. （　）电机、电器的铁芯通常都是用软磁性材料制作。

39. （　）磁导率表示材料的导磁能力的大小。

40. （　）感应电流产生的磁通总是阻碍原磁通的变化。

41. （　）用左手握住通电导体，让拇指指向电流方向，则弯曲四指的指向就是磁场方向。

42. （　）两个环形金属，外绕线圈，其大小相同，一个是铁的，另一个是铜的，所绕线圈的匝数和通过的电流相等，则两个环中的磁感应强度 B 相等。

43. （　）如图所示正弦交流电的瞬时值表示式为 $i = 10\sin(\omega t + 45°)$ A。

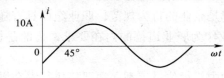

44. （   ） 如图所示正弦交流电的解析式为 $i = 10\sin (\omega t + \pi/6)$ A。

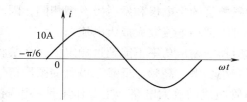

45. （   ） 正弦量的三要素是指其最大值，角频率和相位。

46. （   ） 正弦交流电路的视在功率等于有功功率和无功功率之和。

47. （   ） 正弦量可以用相量表示，因此可以说，相量等于正弦量。

48. （   ） 负载上获得最大电功率时，电源的利用率最高。

49. （   ） 无论是瞬时值还是相量值，对称三相电源的三个相电压的和，恒等于零，所以接上负载后不会产生电流。

50. （   ） Y 型联结的电源线电压为相电压的 $\sqrt{3}$ 倍，同时线电压的相位超前相电压30°。

51. （   ） 控制变压器与普通变压器的工作原理相同。

52. （   ） 变压器可以用来改变交流电压、电流、阻抗、相位，以及电气隔离。

53. （   ） 变压器是根据电磁感应原理而工作的，它能改变交流电压和直流电压。

54. （   ） 控制变压器与普通变压器的不同之处是效率很高。

55. （   ） 变压器的绕组可以分为壳式和芯式两种。

56. （   ） 三相异步电动机具有结构简单、价格低廉、工作可靠等优点，但调速性能较差。

57. （   ） 三相异步电动机具有结构简单、工作可靠、功率因数高、调速性能好等特点。

58. （   ） 电动机是使用最普遍的电气设备之一，一般在 70%～95% 额定负载下运行时，效率最低，功率因数最大。

59. （   ） 三相异步电动机工作时，其转子的转速不等于旋转磁场的转速。

60. （   ） 低压电器的符号由图形符号和文字符号两部分组成。

61. （   ） 熔断器用于三相异步电动机的过载保护。

62. （   ） 低压断路器具有短路和过载的保护作用。

63. （   ） 三相异步电动机的启停控制线路中需要有短路保护和过载保护的功能。

64. （   ） 读图的基本步骤有：看图样说明，看主电路，看安装接线。

65. （   ） 二极管由一个 PN 结、两个引脚、封装组成。

66. （   ） 二极管按结面积可分为点接触型、面接触型。

67. （   ） 二极管只要工作在反向击穿区，一定会被击穿。

68. （   ） 二极管两端加上正向电压就一定会导通。

69.（　　）三极管有两个 PN 结、三个引脚、三个区域。

70.（　　）双极型三极管的集电极和发射极类型相同，因此可以互换使用。

71.（　　）晶体管可以把小电流放大成大电流。

72.（　　）信号发射器的输出功率不能超过额定值，严禁将输出端短路。

73.（　　）大功率、小功率、高频、低频三极管的图形符号是一样的。

74.（　　）由晶体管组成的放大电路，主要作用是将微弱的电信号放大成为所需要的较强的电信号。

75.（　　）串联型稳压电路输出电压可调，带负载能力强。

76.（　　）常用于测量各种电量和磁量的仪器仪表称为电工仪表。

77.（　　）某一电工指示仪表属于整流系仪表，这是从仪表的测量对象方面进行划分的。

78.（　　）在不能估计被测电路电流大小时，最好先选择量程足够大的电流表，粗测一下，然后根据测量结果，正确选用量程适当的电流表。

79.（　　）电流表的内阻应远大于电路的负载电阻。

80.（　　）从仪表的测量对象上分，电压表可以分为直流电流表和交流电流表。

81.（　　）测量电压时，电压表的内阻越小，测量精度越高。

82.（　　）测量电压时，要根据电压大小选择适当量程的电压表，不能使电压大于电压表的最大量程。

83.（　　）一般万用表可以测量直流电压、交流电压、直流电流、电阻、功率等物理量。

84.（　　）兆欧表俗称摇表，是用于测量各种电气设备绝缘电阻的仪表。

85.（　　）兆欧表使用时其转速不能超过 120 r/min。

86.（　　）使用旋具时要一边压紧，一边旋转。

87.（　　）钢丝钳（电工钳子）的主要功能是拧螺钉。

88.（　　）钢丝钳（电工钳子）可以用来剪切细导线。

89.（　　）扳手的重要功能是拧螺栓和螺母。

90.（　　）扳手可以用来剪切细导线。

91.（　　）喷灯是一种利用燃烧对工件进行加工的工具，常用于锡焊。

92.（　　）千分尺是一种精度较高的精确量具。

93.（　　）导线可分为铜导线和铝导线两大类。

94.（　　）绝缘导线多用于室内布线和房屋附近的室外布线。

95.（　　）选用绝缘材料时应该从电流大小、磁场强弱、气压高低等方面来进行考虑。

96.（　　）磁性材料主要分为硬磁材料与软磁材料两大类。

97.（　　）触电是指电流流过人体时对人体产生生理和病理伤害。

98.（　　）电击伤害是造成触电死亡的主要原因，是最严重的触电事故。

99.（　　）触电的形式是多种多样的，但除了因电弧灼伤及熔融的金属飞溅灼伤外，可大致归纳为三种形式。

100.（　　）触电急救的要点是动作迅速，救护得法，发现有人触电，首先使触电者尽快脱离电源。

101.（　　）工作人员与带电体之间必须保持的最小空气间隙，称为安全距离。

102.（　　）电气火灾的特点是着火后电气设备和线路可能是带电的，如不注意，即可能引起触电事故。

103.（　　）雷击的主要对象是建筑物。

104.（　　）当锉刀拉回时，应稍微抬起，以免磨钝锉齿或划伤工件表面。

105.（　　）锉刀很脆，可以当撬棒或锤子使用。

106.（　　）在开始政螺纹或套螺纹时，要尽量把丝锥或板牙放正，当切入 1～2 圈时，再仔细观察和校正对工件的垂直度。

107.（　　）家用电力设备的电源应采用单相三线 50 Hz 220 V 交流电。

108.（　　）电工在维修有故障的设备时，重要部件必须加倍爱护，而像螺钉、螺帽等通用件可以随意放置。

109.（　　）环境污染的形式主要有大气污染、水污染、噪声污染等。

110.（　　）变压器的"嗡嗡"声属于机械噪声。

111.（　　）发电机发出的"嗡嗡"声，属于气体动力噪声。

112.（　　）岗位的质量要求是每个领导干部都必须做到的最基本的岗位工作职责。

113.（　　）质量管理是企业经营管理的一个重要内容，是企业的生命线。

114.（　　）劳动者的基本权利中遵守劳动纪律是最主要的权利。

115.（　　）劳动者具有劳动中获得劳动安全和劳动卫生保护的权利。

116.（　　）劳动者的基本义务中应包括遵守职业道德。

117.（　　）劳动者患病或负伤，在规定的医疗期内的，用人单位不得解除劳动合同。

118.（　　）劳动安全是指生产劳动过程中，防止危害劳动者人身安全的伤亡和急性中毒事故。

119.（　　）劳动者患病或负伤，在规定的医疗期内的，用人单位可以解除劳动合同。

120.（　　）制定电力法的目的是保障和促进电力事业的发展，维护电力投资者，经营者和使用者的合法权益，保障电力安全运行。

121.（　　）中华人民共和国电力法规定电力事业投资，实行谁投资、谁收益的原则。

122.（　　）直流单臂电桥有一个比率而直流双臂电桥有两个比率。

123.（　　）直流单臂电桥的主要技术特性是准确度和测量范围。

124.（　　）当直流单臂电桥达到平衡时，检流计值越大越好。

125.（　　）直流双臂电桥用于测量准确度高的小阻值电阻。

126.（　　）直流双臂电桥有电桥电位接头和电流接头。

127. （　　）直流双臂电桥的测量范围为 0.01～11 Ω。

128. （　　）直流双臂电桥用于测量电机绕组，变压器绕组等小值电阻。

129. （　　）直流单臂电桥用于测量小值电阻，直流双臂电桥用于测量大值电阻。

130. （　　）信号发生器是一种能产生适合一定技术要求的电信号的电子仪器。

131. （　　）信号发生器的振荡电路通常采用 RC 串并联选频电路。

132. （　　）手持式数字万用表又称为低挡数字万用表，按测试精度可分为三位半、四位半。

133. （　　）数字万用表在测量电阻之前要调零。

134. （　　）示波器大致可分为模拟、数字、组合三类。

135. （　　）示波管的偏转系统由一个水平及垂直偏转板组成。

136. （　　）示波器的带宽是测量交流信号时，示波器所能测试的最大频率。

137. （　　）晶体管特性图示仪可以从示波管的荧光屏上自动显示同一半导体管子的四种 h 参数。

138. （　　）晶体管毫伏表是一种测量音频正弦电压的电子仪表。

139. （　　）晶体管毫伏表的标尺刻度是正弦电压的有效值，也能测试非正弦量。

140. （　　）三端集成稳压器件不同型号、不同封装三个引脚的功能是一样的。

141. （　　）三端集成稳压器件分为输出电压固定式和可调式两种。

142. （　　）三端集成稳压电路有三个接线端，分别是输入端、接地端和输出端。

143. （　　）常用逻辑门电路的逻辑功能由基本逻辑门组成。

144. （　　）常用逻辑门电路的逻辑功能有与非、或非、与或非等。

145. （　　）复合逻辑门电路由基本逻辑门电路组成，如与非门、或非门等。

146. （　　）逻辑门电路的平均延迟时间越长越好。

147. （　　）晶闸管型号 KP20-8 表示普通晶闸管。

148. （　　）晶闸管型号 KS20-8 表示三相晶闸管。

149. （　　）普通晶闸管是四层半导体结构。

150. （　　）普通晶闸管可以用于可控整流电路。

151. （　　）单结晶体管是一种特殊类型的三极管。

152. （　　）单结晶体管有三个电极，符号与三极管一样。

153. （　　）单结晶体管只有一个 PN 结，符号与普通二极管一样。

154. （　　）放大电路的静态值分析可用工程估算法。

155. （　　）放大电路的静态值稳定常采用的方法是分压式偏置共射放大电路。

156. （　　）分压式偏置共发射极放大电路是一种能够稳定静态工作点的放大器。

157. （　　）放大电路的静态值变化的主要原因是温度变化。

158. （　　）放大电路的静态工作点的高低对信号波形没有影响。

159. （　　）放大电路的信号波形会受元件参数及温度影响。

160. （　　）共集电极放大电路的输入回路与输出回路是以发射极作为公共连接端。

161. （　　）共集电极放大电路也具有稳定静态工作点的效果。

162. （　　）共基极放大电路的输入回路与输出回路是以发射极作为公共连接端。

163. （　　）交流负反馈能改善交流性能指标，对直流指标也能改善。

164. （　　）负反馈能改善放大电路的性能指标，但放大倍数并没有受到影响。

165. （　　）集成运放工作在非线性场合也要加负反馈。

166. （　　）集成运放工作在线性应用场合必须加适当的负反馈。

167. （　　）差动放大电路可以用来消除零点漂移。

168. （　　）集成运放具有高可靠性、使用方便、放大性能好的特点。

169. （　　）集成运放不仅能应用于普通的运算电路，还能用于其他场合。

170. （　　）集成运放只能应用于普通的运算电路。

171. （　　）功率放大电路要求功率大、带负载能力强。

172. （　　）放大电路通常工作在小信号状态下，功放电路通常工作在极限状态下。

173. （　　）RC 选频振荡电路常用来产生低频信号。

174. （　　）RC 选频荡电路的典型应用是文氏电桥正弦波振荡电路。

175. （　　）LC 振荡电路当电路达到谐振时，LC 回路的等效阻抗最大。

176. （　　）LC 振荡电路是由 LC 并联回路作为选频网络的一种高频振荡电路。

177. （　　）三端集成稳压电路选用时既要考虑输出电压，又要考虑输出电流的最大值。

178. （　　）三端集成稳压电路可分正输出电压和负输出电压两大类。

179. （　　）在单相半波可控整流电路中，调节触发信号加到控制极上的时刻，改变控制角的大小，无法控制输出直流电压的大小。

180. （　　）单相半波可控整流电路中，控制角 α 越大，输出电压 U_d 越大。

181. （　　）单相桥式可控整流电路电感性负载，输出电流的有效值等于平均值。

182. （　　）单相桥式可控整流电路中，两组晶闸管交替轮流工作。

183. （　　）单结晶体管触发电路一般用于三相桥式可控整流电路。

184. （　　）晶闸管过流保护电路中用快速熔断器来防止瞬间的电流尖峰损坏器件。

185. （　　）晶闸管整流电路中一般用并联压敏电阻的办法实现过压保护。

186. （　　）晶闸管可用串联压敏电阻的办法实现过压保护。

187. （　　）熔断器类型的选择依据是负载的保护特性、短路电流的大小、使用场合、安装条件和各类熔断器的适用范围。

188. （　　）低压断路器类型的选择依据是使用场合和保护要求。

189. （　　）短路电流很大的场合宜选用直流快速断路器。

190. （　　）交流接触器与直梳接触器的使用场合不同。

191. （　　）交流接触器与直流接触器可以互相替换。

192. （　　）△接法的异步电动机可选用两相结构的热继电器。

193. （　　）Y接法的异步电动机可选用两相结构的热继电器。

194. （　　）中间继电器选用时主要考虑触点的对数、触点的额定电压和电流、线圈的额定电压等。

195. （　　）中间继电器可在电流20 A以下的电路中替代接触器。

196. （　　）控制按钮应根据使用场合环境条件的好坏分别选用开启式、防水式、防腐式等。

197. （　　）启动按钮优先选用绿色按钮，急停按钮应选用红色按钮，停止按钮优先选用红色按钮。

198. （　　）按钮和行程开关都是主令电器，因此两者可以互换。

199. （　　）时间继电器的选用主要考虑以下三方面：类型、延时方式和线圈电压。

200. （　　）通电延时型与断电延时型时间断电器的基本功能一样，可以互换。

201. （　　）压力继电器是液压系统中当流体压力达到预定值时，使电气触点动作的元件。

202. （　　）压力继电器与压力传感器没有区别。

203. （　　）直流电动机结构复杂、价格贵、维护困难，但是启动、调速性能优良。

204. （　　）直流电动机结构简单、价格便宜、制造方便、调速性能好。

205. （　　）直流电动机的转子由电枢铁芯、绕组、换向器和电刷装置等组成。

206. （　　）直流电动机按照励磁方式可分自励、并励、串励和复励四类。

207. （　　）直流电动机启动时，励磁回路的调节电阻应该短接。

208. （　　）直流电动机启动时，励磁回路的调节电阻应该调到最大。

209. （　　）直流电动机弱磁调速时，励磁电流越小，转速越高。

210. （　　）直流电动机的电气制动方法有：能耗制动、反接制动、回馈制动等。

211. （　　）是直流电动机反转的方法之一是：将电枢绕组两头反接。

212. （　　）直流电动机受潮，绝缘电阻下降过多时，应拆除绕组，更换绝缘。

213. （　　）绕线式异步电动机转子串电阻启动线路中，一般用电位器做启动电阻。

214. （　　）绕线式异步电动机转子串电阻启动过程中，一般分段切除启动电阻。

215. （　　）一台电动机停止后另一台电动机才能停止的控制方式不是顺序控制。

216.（　　）多台电动机的顺序控制功能既可以在主电路中实现，也能在控制电路中实现。

217.（　　）三相异步电动机的位置控制电路中，一定有速度继电器。

218.（　　）三相异步电动机能耗制动是定子绕组中通入单相交流电。

219.（　　）三相异步电动机电源反接制动的主电路与反转的主电路类似。

220.（　　）三相异步电动机的转差率小于零时，工作在再生制动状态。

221.（　　）三相异步电动机的转向与旋转磁场的方向相反时，工作在再生制动状态。

222.（　　）同步电动机本身没有启动转矩，不能自行启动。

223.（　　）同步电动机的启动方法与异步电动机一样。

224.（　　）M7130 型平面磨床的控制电路由交流 380 V 电压供电。

225.（　　）M7130 型平面磨床电气控制线路中的三个电阻安装在配电板外。

226.（　　）M7130 型平面磨床中，液压泵电动机 M3 必须在砂轮电动机 M1 运行后才能启动。

227.（　　）M7130 型平面磨床中，砂轮电动机和液压泵电动机都采用了接触器互锁控制电路。

228.（　　）M7130 型平面磨床的三台电动机都不能启动的大多原因是欠电流继电器 KUC 和转换开关 QS2 的触点接触不良、接线松脱，使电动机的控制电路处于断电状态。

229.（　　）C6150 型车床的主电路中有 4 台电动机。

230.（　　）C6150 型车床电气控制线路中的变压器安装在配电板外。

231.（　　）C6150 型车床主轴电动机反转时，主轴的转向也跟着改变。

232.（　　）C6150 型车床主电路中接触器 KM1 触点接触不良将造成主轴电动机不能反转。

233.（　　）Z3040 型摇臂钻床的主轴电动机仅作单向旋转，由接触器 KM1 控制。

234.（　　）Z3040 型摇臂钻床控制电路的电源电压为交流 110 V。

235.（　　）Z3040 型摇臂钻床主轴电动机的控制电路中没有互锁环节。

236.（　　）Z3040 型摇臂钻床的主轴电动机由接触器 KM1 和 KM2 控制正反转。

237.（　　）Z3040 型摇臂钻床加工螺纹时主轴需要正反转，因此主轴电动机需要正反转控制。

238.（　　）Z3040 型摇臂钻床中行程开关 SQ2 安装位置不当或发生移动时会造成摇臂夹不紧。

239.（　　）Z3040 型摇臂钻床中行程开关 SQ2 安装位置不当或发生移动时会造成摇臂不能升降。

240.（　　）Z3040 型摇臂钻床中摇臂不能升降的原因是液压泵转向不对时，应重接电源相序。

241.（　　）当被检测物体的表面光亮或其反光率极高时，对射式光电开关是首选的检测模式。

242.（　　）光电开关的抗光、电、磁干扰能力强，使用时可以不考虑环境条件。

243.（　　）新一代光电开关器件具有延时、展宽、外同步、抗相互干扰等智能化功能，但是存在响应速度低、精度差及寿命短等缺点。

244.（　　）电磁感应式接近开关由感应头、振荡器、继电器等组成。

245.（　　）采用集成电路技术和 SMT 表面安装工艺而制造的新一代光电开关器件，具有延时、展宽、外同步、抗相互干扰、可靠性高、工作区域稳定和自诊断等智能化功能。

246.（　　）光电开关将输入电流在发射器上转换为光信号射出，接收器再根据所接收到的光线强弱或有无对目标物体实现探测。

247.（　　）接近开关又称无触点行程开关，因此与行程开关的符号完全一样。

248.（　　）当检测体为金属材料时，应选用电容型接近开关。

249.（　　）高频振荡型接近开关和电容型接近开关对环境条件的要求较高。

250.（　　）磁性开关由电磁铁和继电器构成。

251.（　　）磁性开关干簧管内的两个铁质弹性簧片平时是分开的，当磁性物质靠近时，就会吸合在一起，使触点所在的电路连通。

252.（　　）磁性开关的结构和工作原理与接触器完全一样。

253.（　　）磁性开关的作用与行程开关类似，但是在电路中的符号与行程开关有区别。

254.（　　）磁性开关的作用与行程开关类似，因此与行程开关的符号完全一样。

255.（　　）磁性开关一般在磁铁接近干簧管 10 cm 左右时，开关触点发出动作信号。

256.（　　）增量式光电编码器主要由光源、码盘、检测光栅、光电检测器件和转换电路组成。

257.（　　）增量式光电编码器输出的位置数据是相对的。

258.（　　）增量式光电编码器能够直接柱测出轴的绝对位置。

259.（　　）增量式电光编码器可将转轴的电脉冲转换成相应的角位移、角速度等机械量。

260.（　　）增量式光电编码器用于高精度测量时要选用旋转一周对应脉冲数少的器件。

261.（　　）增量式光电编码器与机电器连接时，应使用柔软连接器。

262.（　　）PLC 编程方便，易于使用。

263.（　　）FX_{2N} 系列可编程序控制器辅助继电器用 M 表示。

264.（　　）PLC 不能应用于过程控制。

265.（　　）PLC 可以进行运动控制。

266.（　　）输出软元件不能强制执行。

267. （　　）PLC 不能遥控运行。

268. （　　）PLC 大多设计有掉电数据保持功能。

269. （　　）PLC 程序可以检查错误的指令。

270. （　　）FX$_{2N}$系列可编程序控制器的用户程序存储器为 RAM 型。

271. （　　）FX$_{2N}$系列可编程序控制器的存储器包括 ROM 和 RAM 型。

272. （　　）可编程序控制器的程序由编程器送入处理器中的控制器，可以方便地读出、检查与修改。

273. （　　）可编程序控制器的工作过程是并行扫描工作过程，其工作过程分为三个阶段。

274. （　　）可编程序控制器的工作过程是周期循环扫描工作过程，其工作过程主要分为三个阶段。

275. （　　）可编程序控制器停止时，扫描工作过程即停止。

276. （　　）可编程序控制器采用的是循环扫描工作方式。

277. （　　）可编程序控制器运行时，一个扫描周期主要包括三个阶段。

278. （　　）高速脉冲输出不属于可编程序控制器的技术参数。

279. （　　）I/O 点数、用户存储器类型、容量等都属于可编程程序控制器的技术参数。

280. （　　）FX$_{2N}$可编程序控制器 DC 输入型是高电平有效。

281. （　　）FX$_{2N}$可编程序控制器 DC 输入型是低电平有效。

282. （　　）FX$_{2N}$可编程序控制器有 4 种输出类型。

283. （　　）FX$_{2N}$可编程序控制器晶体管输出型可以驱动直流型负载。

284. （　　）可编程序控制器晶体管输出型可驱动动直流型负载。

285. （　　）FX$_{2N}$－40ER 表示 F 系列扩展单元，输入和输出总点数为 40，继电器输出方式。

286. （　　）PLC 的选择是 PLC 控制系统设计的核心内容。

287. （　　）PLC 的输入采用光电耦合提高抗干扰能力。

288. （　　）FX$_{2N}$系列可编程序控制器采用光电耦合器进行输入信号的隔离。

289. （　　）PLC 之所以具有较强的抗干扰能力，是因为 PLC 输入端采用了光电耦合输入方式。

290. （　　）在一个 PLC 程序中，同一地址号的线圈可以多次使用。

291. （　　）PLC 编程时，主程序可以有多个。

292. （　　）PLC 编程时，子程序至少要一个。

293. （　　）PLC 中辅助继电器定时器计数器的触点可使用多次。

294. （　　）PLC 的输入和输出继电器的触点可使用无限次。

295. （　　）PLC 梯形图编程时，并联触点多的电路应放在左边。

296. （　　）FX$_{2N}$ PLC 共有 256 个定时器。

297. （　　）对于图示的 PLC 梯形图，程序中元件安排不合理。

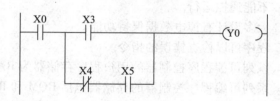

298.（　　　）用计算机对 PLC 进行程序下载时，需要使用配套的通信电缆。

299.（　　　）PLC 的梯形图是编程语言中最常见的。

300.（　　　）PLC 编程软件只能对 PLC 进行编程。

301.（　　　）在计算机上对 PLC 编程，首先要选择 PLC 型号。

302.（　　　）FX 编程器在使用双功能键时键盘中都有多个选择键。

303.（　　　）PLC 编程软件模拟时可以通过时序图仿真模拟。

304.（　　　）PLC 编程软件安装时，先进入相应文件夹，再点击安装。

305.（　　　）PLC 程序上载时要处于 STOP 状态。

306.（　　　）在做 PLC 系统设计时，为了降低成本，I/O 点数应该正好等于系统计算的点数。

307.（　　　）在进行 PLC 系统设计时，I/O 点数的选择应该略大于系统计算的点数。

308.（　　　）FX$_{2N}$ 系列可编程序控制器梯形图规定元件的地址必须在有效范围内。

309.（　　　）FX$_{2N}$ 系列可编程序控制器的地址是按八进制编制的。

310.（　　　）强电回路的管线尽量避免与可编程序控制器输出、输入回路平行，且线路不在同一根管路内。所有金属外壳（不应带电部分）均应良好接地。

311.（　　　）PLC 连接时必须注意负载电源的类型和可编程序控制器输入输出的有关技术资料。

312.（　　　）PLC 通电前的检查，首先确认输入电源电压和相序。

313.（　　　）PLC 无法输入信号，输入模块指示灯不亮是输入模块的常见故障。

314.（　　　）PLC 输出模块常见的故障包括供电电源故障、端子接线故障、模板安装故障、现场操作故障等。

315.（　　　）PLC 电源模块的常见故障就是没有电，指示灯不亮。

316.（　　　）当 RS232 通信线损坏时有可能导致程序无法上载。

317.（　　　）PLC 外围出现故障一定不会影响程序的正常运行。

318.（　　　）FX$_{2N}$ 控制的电动机正反转线路，交流接触器线圈电路中不需要使用触点硬件互锁。

319.（　　　）FX$_{2N}$ 控制的电动机顺序启动线路，交流接触器线圈电路中需要使用触点硬件互锁。

320.（　　　）PLC 控制的电动机自动往返线路中，交流接触器线圈电路中需要使用触点硬件互锁。

321．（　　）变频器是利用交流电动机的同步转速随定子电压频率的变化而变化的特性而实现电动机调速运行的装置。

322．（　　）变频调速性能优异、调速范围大、平滑性好、低速特性较硬，是绕线式转子异步电动机的一种理想调速方法。

323．（　　）交—直—交变频器主电路的组成包括：整流电路、滤波环节、制动电路、逆变电路。

324．（　　）通用变频器主电路的中间直流环节所使用的大电容或大电感是电源与异步电动机之间交换有功功率所必需的储能缓冲元件。

325．（　　）软启动器主要由带电压闭环控制的晶闸管交流调压电路组成。

326．（　　）采用转速闭环矢量控制的变频调速系统，其系统主要技术指标基本上能达到直流双闭环调速系统的动态性能，因而可以取代直流调速系统。

327．（　　）风机、泵类负载在轻载时变频，满载时工频运行，这种工频—变频切换方式最节能。

328．（　　）变频调速的基本控制方式是在额定频率以下的恒磁通变频调速和额定频率以上的恒转矩调速。

329．（　　）一台变频器拖动多台电动机时，变频器的容量应比多台电动机的容量之和要大，且型号选择与电动机的结构、所带负载的类型有关。

330．（　　）交—交变频是把工频交流电整流为直流电，然后再把直流电逆变为所需频率的交流电。

331．（　　）在变频器实际接线时，控制电缆应靠近变频器，以防止电磁干扰。

332．（　　）变频器输出侧常常安装功率因数补偿电容器。

333．（　　）变频器安装时要注意安装的环境、良好的通风散热、正确的接线。

334．（　　）风机和泵类负载的变频调速时，用户应选择变频器的 U/f 线型，折线型补偿方式。

335．（　　）软启动器可用于降低电动机的启动电流，防止启动时产生力矩的冲击。

336．（　　）电流型逆变器抑制过电流能力比电压型逆变器强，适用于经常要求启动、制动与反转的拖动装置。

337．（　　）软启动器主要由带电流闭环控制的晶闸管交流调压电路组成。

338．（　　）软启动器的主电路采用晶闸管交流调压器，用连续地改变其输出电压来保证恒流启动，稳定运行时可用接触器给晶闸管旁路，以免晶闸管不必要地长期工作。

339．（　　）软启动器的主电路采用晶闸管交流调压器，稳定运行时晶闸管长期工作。

340．（　　）软启动器的保护主要有对软启动器内部元器件的保护、对外部电路的保护、对电动机的保护等。

341．（　　）使用一台软启动器能实现多台电动机的启动。

342.（   ）不宜用软启动器频繁地启动电动机，以防止电动机过热。

343.（   ）软启动器的日常维护主要是设备的清洁、凝露的干燥、通风散热、连接器及导线的维护等。

344.（   ）软启动器的日常维护应由使用人员自行开展。

练习题答案

单项选择题答案

1. A	2. B	3. D	4. C	5. D	6. B	7. A	8. D
9. A	10. B	11. D	12. D	13. C	14. D	15. A	16. A
17. B	18. A	19. A	20. C	21. D	22. C	23. A	24. B
25. A	26. C	27. B	28. D	29. D	30. C	31. D	32. D
33. C	34. B	35. A	36. B	37. A	38. B	39. C	40. D
41. C	42. A	43. C	44. C	45. C	46. A	47. B	48. B
49. C	50. D	51. C	52. C	53. D	54. C	55. A	56. B
57. A	58. A	59. D	60. C	61. B	62. A	63. C	64. D
65. A	66. C	67. C	68. C	69. B	70. C	71. C	72. C
73. D	74. A	75. C	76. D	77. A	78. A	79. C	80. A
81. B	82. D	83. B	84. B	85. D	86. B	87. C	88. A
89. B	90. C	91. B	92. D	93. A	94. B	95. A	96. A
97. B	98. D	99. A	100. C	101. C	102. D	103. D	104. A
105. A	106. B	107. D	108. A	109. C	110. B	111. B	112. A
113. D	114. A	115. C	116. C	117. D	118. C	119. B	120. B
121. B	122. B	123. D	124. B	125. A	126. D	127. C	128. C
129. A	130. A	131. C	132. C	133. A	134. C	135. A	136. B
137. D	138. A	139. B	140. A	141. C	142. A	143. A	144. A
145. C	146. C	147. C	148. C	149. A	150. C	151. C	152. A
153. A	154. C	155. C	156. B	157. B	158. A	159. B	160. C
161. A	162. D	163. C	164. C	165. D	166. C	167. C	168. B
169. C	170. D	171. C	172. A	173. D	174. C	175. C	176. A
177. A	178. C	179. B	180. D	181. D	182. D	183. A	184. C
185. B	186. A	187. D	188. B	189. C	190. D	191. D	192. C
193. A	194. D	195. D	196. C	197. A	198. B	199. B	200. D
201. A	202. C	203. D	204. D	205. D	206. B	207. A	208. D
209. D	210. A	211. C	212. B	213. D	214. A	215. D	216. D
217. B	218. B	219. D	220. D	221. D	222. B	223. A	224. C

225. D	226. D	227. A	228. A	229. A	230. D	231. D	232. B
233. D	234. C	235. C	236. B	237. C	238. B	239. B	240. A
241. D	242. D	243. D	244. C	245. D	246. D	247. C	248. D
249. D	250. D	251. D	252. A	253. A	254. A	255. A	256. D
257. D	258. D	259. D	260. C	261. D	262. C	263. D	264. A
265. A	266. B	267. C	268. C	269. B	270. A	271. A	272. D
273. A	274. B	275. A	276. D	277. A	278. A	279. B	280. A
281. B	282. D	283. A	284. A	285. A	286. C	287. A	288. C
289. B	290. B	291. A	292. C	293. D	294. C	295. B	296. B
297. B	298. B	299. B	300. B	301. A	302. A	303. D	304. A
305. B	306. A	307. B	308. D	309. D	310. A	311. B	312. D
313. D	314. B	315. B	316. C	317. D	318. B	319. B	320. B
321. C	322. A	323. B	324. D	325. A	326. A	327. B	328. C
329. D	330. B	331. B	332. D	333. C	334. D	335. C	336. D
337. B	338. D	339. B	340. A	341. C	342. C	343. C	344. B
345. B	346. B	347. B	348. C	349. A	350. C	351. A	352. D
353. A	354. C	355. C	356. C	357. C	358. D	359. C	360. A
361. B	362. D	363. D	364. C	365. A	366. C	367. C	368. B
369. B	370. D	371. B	372. B	373. C	374. A	375. B	376. A
377. B	378. A	379. D	380. A	381. D	382. B	383. C	384. D
385. A	386. A	387. B	388. D	389. C	390. D	391. B	392. C
393. A	394. B	395. C	396. A	397. B	398. A	399. D	400. C
401. B	402. B	403. C	404. B	405. A	406. D	407. C	408. B
409. A	410. C	411. B	412. C	413. B	414. D	415. C	416. D
417. B	418. A	419. D	420. C	421. B	422. A	423. A	424. A
425. D	426. C	427. B	428. A	429. D	430. D	431. A	432. D
433. B	434. A	435. C	436. D	437. C	438. A	439. B	440. C
441. D	442. C	443. A	444. B	445. C	446. D	447. B	448. B
449. D	450. A	451. B	452. C	453. A	454. C	455. D	456. B
457. D	458. A	459. A	460. A	461. A	462. D	463. C	464. D
465. A	466. C	467. A	468. C	469. B	470. D	471. C	472. C
473. D	474. A	475. C	476. A	477. B	478. A	479. D	480. C
481. D	482. B	483. A	484. C	485. D	486. C	487. B	488. D
489. C	490. B	491. C	492. B	493. D	494. A	495. B	496. C
497. D	498. A	499. B	500. D	501. B	502. B	503. A	504. B
505. A	506. C	507. D	508. D	509. B	510. A	511. C	512. D
513. D	514. B	515. C	516. B	517. A	518. D	519. B	520. C
521. B	522. A	523. A	524. D	525. B	526. C	527. C	528. B

529. A　530. A　531. D　532. B　533. C　534. B　535. A　536. D
537. A　538. C　539. C　540. D　541. D　542. A　543. B　544. C
545. D　546. B　547. A　548. B　549. C　550. D　551. D　552. C
553. B　554. C　555. B　556. C　557. B　558. B　559. D　560. D
561. D　562. A　563. C　564. B　565. D　566. C　567. D　568. B
569. C　570. B　571. D　572. A　573. C　574. B　575. D　576. A
577. A　578. B　579. D　580. B　581. C　582. A　583. D　584. D
585. A　586. D　587. A　588. D　589. C　590. A　591. B　592. C
593. B　594. D　595. B　596. A　597. C　598. A　599. D　600. D
601. B　602. A　603. A　604. C　605. A　606. B　607. C　608. D
609. D　610. B　611. D　612. D　613. A　614. C　615. C　616. D
617. A　618. A　619. B　620. A　621. B　622. D　623. C　624. D
625. A　626. C　627. B　628. D　629. D　630. B　631. C　632. C
633. B　634. A　635. D　636. B　637. D　638. B　639. A　640. D
641. C　642. A　643. A　644. C　645. D　646. B　647. A　648. A
649. C　650. A　651. A　652. C　653. D　654. A　655. D　656. C
657. D　658. A　659. A　660. B　661. B　662. B　663. B　664. D
665. D　666. B　667. D　668. D　669. C　670. D　671. A　672. C
673. A　674. C　675. C　676. B　677. C　678. D　679. D　680. B
681. D　682. D　683. C　684. D　685. A　686. D　687. A　688. A
689. A　690. B　691. A　692. A　693. C　694. D　695. C　696. A
697. A　698. A　699. B　700. A　701. A　702. A　703. A　704. C
705. A　706. A　707. C　708. C　709. D　710. C　711. A　712. A
713. A　714. D　715. A　716. C　717. B　718. A　719. A　720. C
721. D　722. A　723. A　724. C　725. D　726. A　727. D　728. D
729. A　730. C　731. A　732. B　733. B　734. D　735. C　736. C
737. A　738. A　739. A　740. C　741. C　742. A　743. C

判断题答案

1. ×　2. √　3. ×　4. √　5. √　6. ×　7. √　8. √
9. ×　10. ×　11. ×　12. ×　13. ×　14. √　15. ×　16. ×
17. √　18. ×　19. √　20. ×　21. √　22. √　23. √　24. √
25. ×　26. ×　27. √　28. ×　29. ×　30. √　31. ×　32. ×
33. ×　34. ×　35. ×　36. √　37. √　38. √　39. √　40. √
41. ×　42. √　43. ×　44. √　45. ×　46. ×　47. ×　48. ×
49. ×　50. √　51. √　52. √　53. ×　54. ×　55. ×　56. √
57. ×　58. ×　59. √　60. √　61. ×　62. √　63. √　64. ×
65. √　66. √　67. √　68. ×　69. √　70. ×　71. ×　72. √
73. √　74. ×　75. √　76. √　77. ×　78. √　79. ×　80. ×

81. ×	82. √	83. ×	84. √	85. ×	86. √	87. ×	88. √
89. √	90. ×	91. ×	92. ×	93. ×	94. √	95. ×	96. √
97. √	98. √	99. √	100. √	101. √	102. √	103. √	104. √
105. ×	106. √	107. √	108. ×	109. √	110. ×	111. ×	112. ×
113. ×	114. ×	115. ×	116. √	117. √	118. √	119. ×	120. √
121. √	122. √	123. ×	124. √	125. √	126. ×	127. √	128. √
129. ×	130. √	131. √	132. √	133. ×	134. √	135. ×	136. √
137. ×	138. √	139. ×	140. √	141. √	142. √	143. √	144. √
145. √	146. ×	147. √	148. ×	149. √	150. √	151. ×	152. ×
153. ×	154. √	155. √	156. √	157. √	158. ×	159. √	160. √
161. √	162. √	163. ×	164. ×	165. √	166. ×	167. √	168. √
169. √	170. ×	171. √	172. √	173. √	174. √	175. √	176. ×
177. √	178. √	179. ×	180. ×	181. √	182. √	183. ×	184. ×
185. √	186. ×	187. √	188. √	189. ×	190. √	191. ×	192. ×
193. √	194. √	195. ×	196. √	197. ×	198. ×	199. √	200. ×
201. √	202. ×	203. √	204. ×	205. √	206. ×	207. √	208. ×
209. √	210. √	211. √	212. ×	213. √	214. √	215. √	216. √
217. ×	218. ×	219. √	220. √	221. ×	222. √	223. ×	224. √
225. ×	226. ×	227. ×	228. √	229. √	230. ×	231. √	232. ×
233. √	234. √	235. √	236. ×	237. ×	238. ×	239. √	240. √
241. ×	242. ×	243. ×	244. √	245. √	246. √	247. ×	248. ×
249. ×	250. ×	251. √	252. √	253. √	254. ×	255. √	256. √
257. √	258. ×	259. ×	260. ×	261. √	262. √	263. √	264. ×
265. √	266. ×	267. ×	268. √	269. √	270. ×	271. √	272. √
273. ×	274. √	275. √	276. ×	277. √	278. ×	279. √	280. ×
281. √	282. ×	283. √	284. √	285. √	286. √	287. √	288. √
289. ×	290. ×	291. √	292. ×	293. √	294. √	295. √	296. √
297. √	298. √	299. √	300. √	301. √	302. ×	303. √	304. √
305. √	306. ×	307. √	308. √	309. √	310. √	311. √	312. ×
313. √	314. √	315. √	316. √	317. ×	318. ×	319. √	320. √
321. √	322. ×	323. √	324. ×	325. ×	326. √	327. √	328. ×
329. ×	330. ×	331. ×	332. ×	333. √	334. ×	335. √	336. √
337. √	338. √	339. ×	340. ×	341. √	342. ×	343. √	344. ×

理论知识考试模拟试卷（一）

一、单项选择题（第1题～第160题。选择一个正确的答案，将相应的字母填入题内的括号中。每题0.5分，满分80分）

1. 在市场经济条件下，促进员工行为的规范化是（　　）社会功能的重要表现。
   A. 治安规定　　　B. 奖惩制度　　　C. 法律法规　　　D. 职业道德

2. 下列选项中属于企业文化功能的是（　　）。
   A. 体育锻炼　　　B. 整合功能　　　C. 歌舞娱乐　　　D. 社会交际

3. 职业道德对企业起到（　　）的作用。
   A. 决定经济效益　　　　　　　B. 促进决策科学化
   C. 增强竞争力　　　　　　　　D. 树立员工守业意识

4. 职业道德与人生事业的关系是（　　）。
   A. 有职业道德的人一定能够获得事业成功
   B. 没有职业道德的人任何时刻都不会获得成功
   C. 事业成功的人往往具有较高的职业道德
   D. 缺乏职业道德的人往往更容易获得成功

5. 下列关于勤劳节俭的论述中，不正确的选项是（　　）。
   A. 勤劳节俭能够促进经济和社会发展
   B. 勤劳是现代市场经济需要的，而节俭则不宜提倡
   C. 勤劳和节俭符合可持续发展的要求
   D. 勤劳节俭有利于企业增产增效

6. 企业生产经营活动中，促进员工之间平等尊重的措施是（　　）。
   A. 互利互惠，平均分配　　　　B. 加强交流，平等对话
   C. 只要合作，不要竞争　　　　D. 人心难测，谨慎行事

7. 符合文明生产要求的做法是（　　）。
   A. 为了提高生产效率，增加工具损坏率
   B. 下班前搞好工作现场的环境卫生
   C. 工具使用后随意摆放
   D. 冒险带电作业

8. 电阻器反映导体对（　　）起阻碍作用的大小，简称电阻。
   A. 电压　　　　B. 电动势　　　　C. 电流　　　　D. 电阻率

9. （　　）反映了在不含电源的一段电路中，电流与这段电路两端的电压及电阻的关系。
   A. 欧姆定律　　　　　　　　　B. 楞次定律
   C. 部分电路欧姆定律　　　　　D. 全欧姆定律

10. 电压的方向规定由（　　）。
    A. 低电位点指向高电位点　　　　B. 高电位点指向低电位点
    C. 低电位指向高电位　　　　　　D. 高电位指向低电位

11. 电功率的常用单位有（　　）。
    A. 瓦　　　　B. 千瓦　　　　C. 毫瓦　　　　D. 瓦、千瓦、毫瓦

12. 把垂直穿过磁场中某一截面的磁感线条数叫作（　　）。
    A. 磁通或磁通量　　　　　　　　B. 磁感应强度
    C. 磁导率　　　　　　　　　　　D. 磁场强度

13. 变压器的基本作用是在交流电路中变电压、变电流、变阻抗、（　　）和电气隔离。
    A. 变磁通　　　B. 变相位　　　C. 变功率　　　D. 变频率

14. 变压器的器身主要由铁芯和（　　）两部分所组成。
    A. 绕组　　　　B. 转子　　　　C. 定子　　　　D. 磁通

15. 三相异步电动机的转子由转子铁芯、（　　）、风扇、转轴等组成。
    A. 电刷　　　　B. 转子绕组　　　C. 端盖　　　　D. 机座

16. 三相异步电动机的启停控制线路中需要有短路保护、过载保护和（　　）功能。
    A. 失磁保护　　　B. 超速保护　　　C. 零速保护　　　D. 失压保护

17. 稳压二极管的正常工作状态是（　　）。
    A. 导通状态　　　　　　　　　　B. 截止状态
    C. 反向击穿状态　　　　　　　　D. 任意状态

18. 三极管放大区的放大条件为（　　）。
    A. 发射结正偏，集电结反偏
    B. 发射结反偏或零偏，集电结反偏
    C. 发射结和集电结正偏
    D. 发射结和集电结反偏

19. 下列电工指示仪表中若按仪表的测量对象分，主要有（　　）等。
    A. 实验室用仪表和工程测量用仪表
    B. 功率表和相位表
    C. 磁电系仪表和电磁系仪表
    D. 安装式仪表和可携带式仪表

20. 测量直流电压时应注意电压表的（　　）。
    A. 量程　　　　B. 极性　　　　C. 量程及极性　　D. 误差

21. 钢丝钳（电工钳子）可以用来剪切（　　）。
    A. 细导线　　　B. 玻璃管　　　C. 钢条　　　　D. 水管

22. 在超高压线路下或设备附近站立或行走的人，往往会感到（　　）。
    A. 不舒服、电击　　　　　　　　B. 刺痛感、毛发耸立
    C. 电伤、精神紧张　　　　　　　D. 电弧烧伤

23. 用电设备的金属外壳必须与保护线（　　　）。
    A. 可靠连接　　B. 可靠隔离　　C. 远离　　D. 靠近

24. 千万不要用铜线、铝线、铁线代替（　　　）。
    A. 导线　　　　B. 保险丝　　　C. 包扎带　　D. 电话线

25. 对于每个职工来说，质量管理的主要内容有岗位的质量要求、质量目标、质量保证措施和（　　　）等。
    A. 信自反馈　　B. 质量水平　　C. 质量记录　　D. 质量责任

26. 2.0 级准确度的直流单臂电桥表示测量电阻的误差不超过（　　　）。
    A. ±0.2%　　B. ±2%　　　C. ±20%　　D. ±0.02%

27. 直流双臂电桥适用于测量（　　　）的电阻。
    A. 0.1 欧姆以下　　　　　　　　B. 1 欧姆以下
    C. 10 欧姆以下　　　　　　　　D. 100 欧姆以下

28. 通常信号发生器按频率分类有（　　　）。
    A. 低频信号发生器　　　　　　　B. 高频信号发生器
    C. 超高频信号发生器　　　　　　D. 以上都是

29. 示波器的 X 轴通道对被测信号进行处理，然后加到示波管的（　　　）偏转板上。
    A. 水平　　　　B. 垂直　　　　C. 偏上　　D. 偏下

30. （　　　）适合现场工作且要用电池供电的示波器。
    A. 台式示波器　　B. 手持示波器　　C. 模拟示波器　　D. 数字示波器

31. 晶体管毫伏表最小量程一般为（　　　）。
    A. 10 mV　　　B. 1 mV　　　C. 1 V　　　D. 0.1 V

32. 下列不属于组合逻辑门电路的是（　　　）。
    A. 与门　　　　B. 或非门　　　C. 与非门　　D. 与或非门

33. TTL 与非门电路高电平的产品典型值通常不低于（　　　）V。
    A. 3　　　　　B. 4　　　　　C. 2　　　D. 2.4

34. 晶闸管型号 KS20 - 8 中的 S 表示（　　　）。
    A. 双层　　　　B. 双向　　　　C. 三层　　D. 三极

35. 普通晶闸管的额定电流是以工频正弦半波电流的（　　　）来表示的。
    A. 最小值　　　B. 最大值　　　C. 有效值　　D. 平均值

36. 集成运放通常有（　　　）部分组成。
    A. 3
    B. 4（输入极、中间极、输出极、偏置电路）
    C. 5
    D. 6

37. 单结晶体管两个基极的文字符号是（　　　）。
    A. C1、C2　　B. D1、D2　　C. E1、E2　　D. B1、B2

38. 下列不属于放大电路的静态值为（　　　）。

A. I_{BQ} B. I_{CQ} C. U_{CEQ} D. U_{CBQ}

39. 固定偏置共射放大电路出现截止失真，是（　　）。

     A. R_B 偏小   B. R_B 偏大   C. R_c 偏小   D. R_c 偏大

40. 输入电阻最小的放大电路是（　　）。

     A. 共射极放大电路   B. 共集电极放大电路

     C. 共基极放大电路   D. 差动放大电路

41. 容易产生零点漂移的耦合方式是（　　）。

     A. 阻容耦合   B. 变压器耦合   C. 直接耦合   D. 电感耦合

42. 要稳定输出电压，减少电路输入电阻，应选用（　　）负反馈。

     A. 电压串联   B. 电压并联   C. 电流串联   D. 电流并联

43. 单片集成功率放大器件的功率通常在（　　）W 左右。

     A. 10   B. 1   C. 5   D. 8

44. RC 选频振荡电路适合（　　）kHz 以下的低频电路。

     A. 1 000   B. 200   C. 100   D. 50

45. 串联型稳压电路的取样电路与负载的关系为（　　）接法。

     A. 串联   B. 并联   C. 混联   D. 星形

46. 下列逻辑门电路需要外接上拉电阻才能正常工作的是（　　）。

     A. 与非门   B. 或非门   C. 与或非门   D. OC 门

47. 单相半波可控整流电路中晶闸管所承受的最高电压是（　　）。

     A. $1.414U_2$ B. $0.707U_2$ C. U_2 D. $2U_2$

48. 单相半波可控整流电路电阻性负载，控制角 α 的移相范围是（　　）。

     A. $0° \sim 45°$ B. $0° \sim 90°$ C. $0° \sim 180°$ D. $0° \sim 360°$

49. 单结晶体管触发电路通过调节（　　）来调节控制角 α。

     A. 电位器   B. 电容器   C. 变压器   D. 电抗器

50. 晶闸管电路中串入快速熔断器的目的是（　　）。

     A. 过压保护   B. 过流保护   C. 过热保护   D. 过冷保护

51. 晶闸管两端并联压敏电阻的目的是实现（　　）。

     A. 防止冲击电流   B. 防止冲击电压

     C. 过流保护   D. 过压保护

52. 对于电阻性负载，熔断器熔体的额定电流（　　）线路的工作电流。

     A. 远大于   B. 不等于

     C. 等于或略大于   D. 等于或略小于

53. 一般电气控制系统中宜选用（　　）断路器。

     A. 塑壳式   B. 限流型   C. 框架式   D. 直流快速

54. 接触器的额定电流应不小于被控电路的（　　）。

     A. 额定电流   B. 负载电流   C. 最大电流   D. 峰值电流

55. 对于△接法的异步电动机应选用（　　）结构的热继电器。

     A. 四相   B. 三相   C. 两相   D. 单相

56. 中间继电器的选用依据是控制电路的电压等级、（　　）、所需触点的数量和容量等。
　　A. 电流类型　　B. 短路电流　　C. 阻抗大小　　D. 绝缘等级

57. 电气控制线路中的启动按钮应选用（　　）颜色。
　　A. 绿　　B. 红　　C. 蓝　　D. 黑

58. 选用 LED 指示灯的优点之一是（　　）。
　　A. 寿命长　　B. 发光强　　C. 价格低　　D. 颜色多

59. BK 系列控制变压器通常用作机床控制电器局部（　　）及指示的电源之用。
　　A. 照明灯　　B. 电动机　　C. 油泵　　D. 压缩机

60. 控制两台电动机错时停止的场合，可采用（　　）时间继电器。
　　A. 通电延时型　　B. 断电延时型　　C. 气动型　　D. 液压型

61. 压力继电器选用时首先要考虑所测对象的压力范围，还要符合电路中的（　　），接口管径的大小。
　　A. 功率因数　　B. 额定电压　　C. 电阻率　　D. 相位差

62. 直流电动机结构复杂、价格贵、制造麻烦、（　　），但启动性能好、调速范围大。
　　A. 换向器大　　B. 换向器小　　C. 维护困难　　D. 维护容易

63. 直流电动机的定子由机座、主磁极、换向极及（　　）等部件组成。
　　A. 电刷装置　　B. 电枢铁芯　　C. 换向器　　D. 电枢绕组

64. 直流电动机按照励磁方式可分他励、并励、串励和（　　）四类。
　　A. 接励　　B. 混励　　C. 自励　　D. 复励

65. 直流电动机常用的启动方法有：电枢串电阻启动、（　　）等。
　　A. 弱磁启动　　B. 降压启动　　C. Y－△启动　　D. 变频启动

66. 直流电动机降低电枢电压调速时，转速只能从额定转速（　　）。
　　A. 升高一倍　　B. 往下降　　C. 往上升　　D. 开始反转

67. 直流电动机的各种制动方法中，能平稳停车的方法是（　　）。
　　A. 反接制动　　B. 回馈制动　　C. 能耗制动　　D. 再生制动

68. 直流电动机只将励磁绕组两头反接时，电动机的（　　）。
　　A. 转速下降　　B. 转速上升　　C. 转向反转　　D. 转向不变

69. 下列故障原因中（　　）会导致直流电动机不能启动。
　　A. 电源电压过高　　　　　　B. 电动机过载
　　C. 电刷架位置不对　　　　　D. 励磁回路电阻过大

70. 绕线式异步电动机转子串电阻启动时，随着（　　），要逐渐减小电阻。
　　A. 电流的增大　　　　　　　B. 转差率的增大
　　C. 转速的升高　　　　　　　D. 转速的降低

71. 绕线式异步电动机转子串频敏变阻器启动与串电阻分级启动相比，控制线路（　　）。
　　A. 比较简单　　　　　　　　B. 比较复杂

C. 只能手动控制　　　　　　　　D. 只能自动控制

72. 将接触器 KM1 的常开触点串联到接触器 KM2 线圈电路中的控制电路能够实现（　　）。

A. KM1 控制的电动机先停止，KM2 控制的电动机后停止的控制功能

B. KM2 控制的电动机停止时，KM1 控制的电动机也停止的控制功能

C. KM2 控制的电动机先启动，KM1 控制的电动机后启动的控制功能

D. KM1 控制的电动机先启动，KM2 控制的电动机后启动的控制功能

73. 位置控制就是利用生产机械运动部件上的挡铁与（　　）碰撞来控制电动机的工作状态。

A. 断路器　　　　B. 位置开关　　　　C. 按钮　　　　D. 接触器

74. 下列属于位置控制线路的是（　　）。

A. 走廊照明灯的两处控制电路　　　B. 电风扇摇头电路

C. 电梯的开关门电路　　　　　　　D. 电梯的高低速转换电路

75. 三相异步电动机能耗制动的控制线路至少需要（　　）个按钮。

A. 2　　　　　　B. 1　　　　　　C. 4　　　　　　D. 3

76. 三相异步电动机反接制动，转速接近零时要立即断开电源，否则电动机会（　　）。

A. 飞车　　　　　B. 反转　　　　　C. 短路　　　　　D. 烧坏

77. 三相异步电动机电源反接制动时需要在定子回路中串入（　　）。

A. 限流开关　　　B. 限流电阻　　　C. 限流二极管　　D. 限流三极管

78. 三相异步电动机的各种电气制动方法中，最节能的制动方法是（　　）。

A. 再生制动　　　B. 能耗制动　　　C. 反接制动　　　D. 机械制动

79. 同步电动机可采用的启动方法是（　　）。

A. 转子串三级电阻启动　　　　　　B. 转子串频敏变阻器启动

C. 变频启动法　　　　　　　　　　D. Y－△启动法

80. M7130 平面磨床的主电路中有（　　）电动机。

A. 三台　　　　　B. 两台　　　　　C. 一台　　　　　D. 四台

81. M7130 平面磨床控制线路中导线截面最细的是（　　）。

A. 连接砂轮电动机 M1 的导线　　　B. 连接电源开关 QS1 的导线

C. 连接电磁吸盘 YH 的导线　　　　D. 连接冷却泵电动机 M2 的导线

82. M7130 平面磨床中，电磁吸盘 YH 工作后砂轮和（　　）才能进行磨削加工。

A. 照明变压器　　B. 加热器　　　　C. 工作台　　　　D. 照明灯

83. M7130 平面磨床中，砂轮电动机和液压泵电动机都采用了（　　）正转控制电路。

A. 接触器自锁　　B. 按钮互锁　　　C. 接触器互锁　　D. 时间继电器

84. M7130 平面磨床中电磁吸盘吸力不足的原因之一是（　　）。

A. 电磁吸盘的线圈内有匝间短路　　B. 电磁吸盘的线圈内有开路点

C. 整流变压器开路　　　　　　　　D. 整流变压器短路

85. M7130 平面磨床中，电磁吸盘退磁不好使工件取下困难，但退磁电路正常，退

磁电压也正常，则需要检查和调整（　　）。

    A. 退磁功率　　　B. 退磁频率　　　C. 退磁电流　　　D. 退磁时间

86. C6150 车床主轴电动机反转、电磁离合器 YC1 通电时，主轴的转向为（　　）。

    A. 正转　　　　　B. 反转　　　　　C. 高速　　　　　D. 低速

87. C6150 车床控制线路中变压器安装在配电板的（　　）。

    A. 左方　　　　　B. 右方　　　　　C. 上方　　　　　D. 下方

88. C6150 车床控制电路中照明灯的额定电压是（　　）。

    A. 交流 10 V　　B. 交流 24 V　　C. 交流 30 V　　D. 交流 6 V

89. C6150 车床快速移动电动机通过（　　）控制正反转。

    A. 三位置自动复位开关　　　　　　B. 两个交流接触器

    C. 两个低压断路器　　　　　　　　D. 三个热继电器

90. C6150 车床主轴电动机的正反转控制线路具有（　　）互锁功能。

    A. 接触器　　　　B. 行程开关　　　C. 中间继电器　　D. 速度继电器

91. C6150 车床控制电路中的中间继电器 KA1 和 KA2 常闭触点故障时会造成（　　）。

    A. 主轴无制动　　　　　　　　　　B. 主轴电动机不能启动

    C. 润滑油泵电动机不能启动　　　　D. 冷却液电动机不能启动

92. C6150 车床主电路有电，控制电路不能工作时，应首先检修（　　）。

    A. 电源进线开关　　　　　　　　　B. 接触器 KM1 或 KM2

    C. 控制变压器 TC　　　　　　　　D. 三位置自动复位开关 SA1

93. Z3040 摇臂钻床中的摇臂升降电动机，（　　）。

    A. 由接触器 KM1 控制单向旋转

    B. 由接触器 KM2 和 KM3 控制点动正反转

    C. 由接触器 KM2 控制点动工作

    D. 由接触器 KM1 和 KM2 控制自动往返工作

94. Z3040 摇臂钻床中的局部照明灯由控制变压器供给（　　）安全电压。

    A. 交流 6 V　　　B. 交流 10 V　　C. 交流 30 V　　D. 交流 24 V

95. Z3040 摇臂钻床中利用行程开关实现摇臂上升与下降的（　　）。

    A. 制动控制　　　B. 自动往返　　　C. 限位保护　　　D. 启动控制

96. Z3040 摇臂钻床中利用（　　）实现升降电动机断开电源完全停止后才开始夹紧的联锁。

    A. 压力继电器　　B. 时间继电器　　C. 行程开关　　　D. 控制按钮

97. Z3040 摇臂钻床中摇臂不能夹紧的原因是液压泵电动机过早停转时，应（　　）。

    A. 调整速度继电器位置　　　　　　B. 重接电源相序

    C. 更换液压泵　　　　　　　　　　D. 调整行程开关 SQ3 位置

98. 光电开关将输入电流在发射器上转换为（　　）。

    A. 无线电输出　　　　　　　　　　B. 脉冲信号输出

    C. 电压信号输出　　　　　　　　　D. 光信号射出

99. 三相异步电动机的位置控制电路中，除了用行程开关外，还可用（　　　　）。

    A. 断路器　　　　B. 速度继电器　　C. 热继电器　　　D. 光电传感器

100. 光电开关在几组并列靠近安装时，应防止（　　　　）。

    A. 微波　　　　　B. 相互干扰　　　C. 无线电　　　　D. 噪声

101. 高频振荡电感型接近开关主要由感应头、（　　　　）、开关器、输出电路等组成。

    A. 光电三极管　B. 发光二极管　　C. 振荡器　　　　D. 继电器

102. 高频振荡电感型接近开关的感应头附近无金属物体接近时，接近开关（　　　　）。

    A. 有信号输出　　　　　　　　B. 振荡电路工作

    C. 振荡减弱或停止　　　　　　D. 产生涡流损耗

103. 接近开关的图形符号中，其菱形部分与常开触点部分用（　　　　）相连。

    A. 虚线　　　　　B. 实线　　　　　C. 双虚线　　　　D. 双实线

104. 选用接近开关时应注意对工作电压、（　　　　）、响应频率、检测距离等各项指标的要求。

    A. 工作速度　　B. 工作频率　　　C. 负载电流　　　D. 工作功率

105. 磁性开关干簧管内两个铁质弹性簧片的接通与断开是由（　　　　）控制的。

    A. 接触器　　　　B. 按钮　　　　　C. 电磁铁　　　　D. 永久磁铁

106. 磁性开关的图形符号中有一个（　　　　）。

    A. 长方形　　　　B. 平行四边形　C. 菱形　　　　　D. 正方形

107. 磁性开关用于（　　　　）场所时应选金属材质的器件。

    A. 化工企业　　B. 真空低压　　　C. 强酸强碱　　　D. 高温高压

108. 磁性开关在使用时要注意磁铁与干簧管之间的有效距离在（　　　　）左右。

    A. 10 cm　　　　B. 10 dm　　　　C. 10 mm　　　　D. 1 mm

109. 增量式光电编码器每产生一个输出脉冲信号就对应于一个（　　　　）。

    A. 增量转速　　B. 增量位移　　　C. 角度　　　　　D. 速度

110. 增量式光电编码器根据输出信号的可靠性选型时要考虑（　　　　）。

    A. 电源频率　　B. 最大分辨速度　C. 环境温度　　　D. 空间高度

111. 增量式光电编码器的振动，往往会成为（　　　　）发生的原因。

    A. 误脉冲　　　　B. 短路　　　　　C. 开路　　　　　D. 高压

112. 可编程序控制器采用大规模集成电路构成的微处理器和（　　　　）来组成逻辑部分。

    A. 运算器　　　　B. 控制器　　　　C. 存储器　　　　D. 累加器

113. 可编程序控制器系统是由（　　　　）和程序存储器等组成。

    A. 基本单元、编程器、用户程序

    B. 基本单元、扩展单元、用户程序

    C. 基本单元、扩展单元、编程器

    D. 基本单元、扩展单元、编程器、用户程序

114. 可编程序控制器通过编程，可以灵活地改变（　　　　），实现改变常规电气控制

电路的目的。

    A. 主电路   B. 硬接线   C. 控制电路   D. 控制程序

115. 在 FX$_{2N}$ PLC 中，M8000 线圈用户可以使用（　　）次。

    A. 3   B. 2   C. 1   D. 0

116. 可编程序控制器（　　）中存放的随机数据掉电即丢失。

    A. RAM   B. DVD   C. EPROM   D. CD

117. 可编程序控制器停止时，（　　）阶段停止执行。

    A. 输出采样   B. 输入采样   C. 程序执行   D. 输出刷新

118. PLC 程序检查包括（　　）。

    A. 语法检查、线路检查、其他检查

    B. 代码检查、语法检查

    C. 控制线路检查、语法检查

    D. 主回路检查、语法检查

119. 继电器接触器控制电路中的计数器，在 PLC 控制中可以用（　　）替代。

    A. M   B. S   C. C   D. T

120. （　　）不是 PLC 主机的技术性能范围。

    A. 本机 I/O 口数量   B. 高速计数输入个数

    C. 高速脉冲输出   D. 按钮开关种类

121. FX$_{2N}$ 可编程序控制器 DC 输入型，输入电压额定值为（　　）。

    A. AC 24 V   B. DC 24 V   C. AC 12 V   D. DC 36 V

122. 对于晶体管输出型 PLC，要注意负载电源为（　　），并且不能超过额定值。

    A. AC 380 V   B. AC 220 V   C. DC 220 V   D. DC 24 V

123. 对于可编程序控制器电源干扰的抑制，一般采用隔离变压器和（　　）来解决。

    A. 直流滤波器   B. 交流滤波器

    C. 直流发电机   D. 交流整流器

124. FX$_{2N}$ 系列可编程序控制器中回路并联连接用（　　）指令。

    A. AND   B. ANI   C. ANB   D. ORB

125. 在一个 PLC 程序中，同一地址号的线圈只能使用（　　）次。

    A. 三   B. 二   C. 一   D. 无限

126. PLC 梯形图编程时，右端输出继电器的线圈能并联（　　）个。

    A. 一   B. 无限   C. 0   D. 二

127. PLC 编程时，子程序可以有（　　）个。

    A. 无限   B. 三   C. 二   D. 一

128. （　　）是可编程序控制器的编程基础。

    A. 梯形图   B. 逻辑图   C. 位置图   D. 功能表图

129. 在 FX$_{2N}$ PLC 中，T200 的定时精度为（　　）。

    A. 1 ms   B. 10 ms   C. 100 ms   D. 1 s

130. 对于复杂的 PLC 梯形图设计时，一般采用（　　）。
    A. 经验法　　　　　　　　　B. 顺序控制设计法
    C. 子程序　　　　　　　　　D. 中断程序

131. PLC 编程软件通过计算机，可以对 PLC 实施（　　）。
    A. 编程　　　　B. 运行控制　　　C. 监控　　　D. 以上都是

132. 为避免程序和（　　）丢失，可编程序控制器装有锂电池，当锂电池电压降至相应的信号灯亮时，要及时更换电池。
    A. 地址　　　　B. 序号　　　　　C. 指令　　　D. 数据

133. 根据电动机正反转梯形图，下列指令正确的是（　　）。

    A. ORI Y002　　B. LDI X001　　C. AND X000　　D. ANDI X002

134. 根据电动机顺序启动梯形图，下列指令正确的是（　　）。

    A. ORI Y001　　B. ANDI T20　　C. AND X001　　D. AND X002

135. 根据电动机自动往返梯形图，下列指令正确的是（　　）。

    A. LDI X000　　B. AND X001　　C. OUT Y002　　D. ANDI X002

136. FX 编程器的显示内容包括地址、数据、（　　）、指令执行情况和系统工作状态等。

    A. 程序　　　　B. 参数　　　　C. 工作方式　　　D. 位移储存器

137. FX 编程器的显示内容包括地址、数据、工作方式、（　　）情况和系统工作状态等。

    A. 位移储存器　B. 参数　　　　C. 程序　　　　D. 指令执行

138. 变频器是通过改变（　　）电压、频率等参数来调节电动机转速的装置。

    A. 交流电动机定子　　　　　　B. 交流电动机转子

    C. 交流电动机定子、转子　　　D. 交流电动机磁场

139. 在 SPWM 逆变器中主电路开关器件较多采用（　　）。

    A. IGBT　　　　B. 普通晶闸管　C. GTO　　　　D. MCT

140. FR - A700 系列是三菱（　　）变频器。

    A. 多功能高性能　　　　　　　B. 经济型高性能

    C. 水泵和风机专用型　　　　　D. 节能型轻负载

141. 西门子 MM440 变频器可外接开关量，输入端⑤～⑧端作多段速给定端，可预置（　　）个不同的给定频率值。

    A. 15　　　　　B. 16　　　　　C. 4　　　　　D. 8

142. 交流电动机最佳的启动效果是：（　　）。

    A. 启动电流越小越好　　　　　B. 启动电流越大越好

    C. （可调）恒流启动　　　　　D. （可调）恒压启动

143. 西门子 MM420 变频器的主电路电源端子（　　）需经交流接触器和保护用断路器与三相电源连接。但不宜采用主电路的通、断进行变频器的运行与停止操作。

    A. X、Y、Z　　　　　　　　　B. U、V、W

    C. L1、L2、L3　　　　　　　　D. A、B、C

144. 变频器的干扰有：电源干扰、地线干扰、串扰、公共阻抗干扰等。尽量缩短电源线和地线可竭力避免（　　）。

    A. 电源干扰　　B. 地线干扰　　C. 串扰　　　　D. 公共阻抗干扰

145. 交—交变频装置通常只适用于（　　）拖动系统。

    A. 低速大功率　　　　　　　　B. 高速大功率

    C. 低速小功率　　　　　　　　D. 高速小功率

146. 变频器停车过程中出现过电压故障，原因可能是（　　）。

    A. 斜波时间设置过短　　　　　B. 转矩提升功能设置不当

    C. 散热不良　　　　　　　　　D. 电源电压不稳

147. 软启动器具有节能运行功能，在正常运行时，能依据负载比例自动调节输出电压，使电动机运行在最佳效率的工作区，最适合应用于（　　）。

    A. 间歇性变化的负载　　　　　B. 恒转矩负载

    C. 恒功率负载　　　　　　　　D. 泵类负载

148. 软启动器（　　）常用于短时重复工作的电动机。

A. 跨越运行模式   B. 接触器旁路运行模式

C. 节能运行模式   D. 调压调速运行模式

149. 软启动器的晶闸管调压电路组件主要由动力底座、（   ）、限流器、通信模块等选配模块组成。

     A. 输出模块   B. 以太网模块   C. 控制单元   D. 输入模块

150. 软启动器的主电路采用（   ）交流调压器，用连续地改变其输出电压来保证恒流启动。

     A. 晶闸管变频控制   B. 晶闸管 PWM 控制

     C. 晶闸管相位控制   D. 晶闸管周波控制

151. 西普 STR 系列（   ）软启动器，是内置旁路、集成型。

     A. A 型   B. B 型   C. C 型   D. L 型

152. 变频器常见的频率给定方式主要有操作器键盘给定、控制输入端给定、模拟信号给定及通信方式给定等，来自 PLC 控制系统的给定不采用（   ）方式。

     A. 键盘给定   B. 控制输入端给定

     C. 模拟信号给定   D. 通信方式给定

153. 软启动器的功能调节参数有：运行参数、（   ）、停车参数。

     A. 电阻参数   B. 启动参数   C. 电子参数   D. 电源参数

154. 变频器所采用的制动方式一般有能耗制动、回馈制动、（   ）等几种。

     A. 失电制动   B. 失速制动   C. 交流制动   D. 直流制动

155. 软启动器旁路接触器必须与软启动器的输入和输出端一一对应连接正确，（   ）。

     A. 要就近安装接线   B. 允许变换相序

     C. 不允许变换相序   D. 要做好标识

156. 内三角接法软启动器只需承担（   ）的电动机线电流。

     A. $1/\sqrt{3}$ B. $1/2$ C. 3   D. 2

157. 软启动器的（   ）功能用于防止离心泵停车时的"水锤效应"。

     A. 软停机   B. 非线性软制动

     C. 自由停机   D. 直流制动

158. 接通主电源后，软启动器虽处于待机状态，但电动机有嗡嗡响。此故障不可能的原因是（   ）。

     A. 晶闸管短路故障   B. 旁路接触器有触点粘连

     C. 触发电路不工作   D. 启动线路接线错误

159. 软启动器的日常维护一定要由（   ）进行操作。

     A. 专业技术人员   B. 使用人员

     C. 设备管理部门   D. 销售服务人员

160. 凝露的干燥是为了防止因潮湿而降低软启动器的（   ），及其可能造成的危害。

     A. 使用效率   B. 绝缘等级   C. 散热效果   D. 接触不良

二、判断题（第 161 题～第 200 题。将判断结果填入括号中。正确的填"√"，错误的填"×"。每题 0.5 分，满分 20 分）

161.（　　）职业道德是一种强制性的约束机制。

162.（　　）职业道德是人的事业成功的重要条件。

163.（　　）不管是工作日还是休息日，都穿工作服是一种受鼓励的良好着装习惯。

164.（　　）线电压为相电压的 $\sqrt{3}$ 倍，同时线电压的相位超前相电压 120°。

165.（　　）维修电工以电气原理图、安装接线图和平面布置图最为重要。

166.（　　）三极管有两个 PN 结、三个引脚、三个区域。

167.（　　）千分尺是一种精度较高的精确量具。

168.（　　）常用的绝缘材料包括：气体绝缘材料、液体绝缘材料和固体绝缘材料。

169.（　　）选用绝缘材料时应该从电气性能、机械性能、热性能、化学性能、工艺性能及经济性能等方面来进行考虑。

170.（　　）触电的形式是多种多样的，但除了因电弧灼伤及熔融的金属飞溅灼伤外，可大致归纳为两种形式。

171.（　　）触电急救的要点是动作迅速，救护得法，发现有人触电，首先使触电者尽快脱离电源。

172.（　　）普通螺纹的牙型角是 55°，英制螺纹的牙型角是 60°。

173.（　　）质量管理是企业经营管理的一个重要内容，是企业的生命线。

174.（　　）劳动者的基本义务中应包括遵守职业道德。

175.（　　）劳动安全卫生管理制度对未成年工给予了特殊的劳动保护，这其中的未成年工是指年满 16 周岁未满 18 周岁的人。

176.（　　）当直流单臂电桥达到平衡时，检流计值越大越好。

177.（　　）直流双臂电桥的测量范围为 0.01～11 Ω。

178.（　　）直流单臂电桥用于测量小值电阻，直流双臂电桥用于测量大值电阻。

179.（　　）手持式数字万用表又称为低挡数字万用表，按测试精度可分为三位半、四位半。

180.（　　）三端集成稳压电路有三个接线端，分别是输入端、接地端和输出端。

181.（　　）双向晶闸管是四层半导体结构。

182.（　　）普通晶闸管的额定电流是以工频正弦半波电流的平均值来表示的。

183.（　　）双向晶闸管一般用于交流调压电路。

184.（　　）放大电路的静态值变化的主要原因是温度变化。

185.（　　）共集电极放大电路的输入回路与输出回路是以发射极作为公共连接端。

186.（　　）差动放大电路可以用来消除零点漂移。

187.（　　）三端集成稳压电路可分正输出电压和负输出电压两大类。

188.（　　）单相半波可控整流电路中，控制角 α 越大，输出电压 U_d 越大。

189. (　　) 单结晶体管触发电路输出尖脉冲。

190. (　　) 多台电动机的顺序控制功能无法在主电路中实现。

191. (　　) 三相异步电动机能耗制动时定子绕组中通入直流电。

192. (　　) M7130 型平面磨床的控制电路由直流 220 V 电压供电。

193. (　　) Z3040 型摇臂钻床的主电路中有四台电动机。

194. (　　) 光电开关按结构可分为放大器分离型、放大器内藏型和电源内藏型三类。

195. (　　) 当检测体为金属材料时，应选用高频振荡型接近开关。

196. (　　) 永久磁铁和干簧管可以构成磁性开关。

197. (　　) 增量式光电编码器可将转轴的角位移、角速度等机械量转换成相应的电脉冲以数字量输出。

198. (　　) FX_{2N} 系列可编程序控制器辅助继电器用 T 表示。

199. (　　) 变频器输出侧技术数据中额定输出电流是用户选择变频器容量时的主要依据。

200. (　　) 软启动器的日常维护应由使用人员自行开展。

理论知识考试模拟试卷（二）

一、单项选择题（第 1 题～第 160 题。选择一个正确的答案，将相应的字母填入题内的括号中。每题 0.5 分，满分 80 分）

1. 在企业的经营活动中，下列选项中的（　　）不是职业道德功能的表现。

　　A. 激励作用　　　B. 决策能力　　　C. 规范行为　　　D. 遵纪守法

2. 在商业活动中，不符合待人热情要求的是（　　）。

　　A. 严肃待客，表情冷漠　　　　　B. 主动服务，细致周到

　　C. 微笑大方，不厌其烦　　　　　D. 亲切友好，宾至如归

3. 市场经济条件下，（　　）不违反职业道德规范中关于诚实守信的要求。

　　A. 通过诚实合法劳动，实现利益最大化

　　B. 打进对手内部，增强竞争优势

　　C. 根据交往对象来决定是否遵守承诺

　　D. 凡有利于增大企业利益的行为就做

4. 办事公道是指从业人员在进行直接活动时要做到（　　）。

　　A. 追求真理，坚持原则　　　　　B. 有求必应，助人为乐

　　C. 公私不分，一切平等　　　　　D. 知人善任，提拔知己

5. 下列关于勤劳节俭的论述中，不正确的选项是（　　）。

　　A. 企业可提倡勤劳，但不宜提倡节俭

　　B. "一分钟应看成是八分钟"

C. 勤劳节俭符合可持续发展的要求

D. "节省一块钱，就等于净赚一块钱"

6. 企业创新要求员工努力做到（ ）。

    A. 不能墨守成规，但也不能标新立异

    B. 大胆地破除现有的结论，自创理论体系

    C. 大胆地试大胆地闯，敢于提出新问题

    D. 激发人的灵感，遏制冲动和情感

7. 企业生产经营活动中，促进员工之间平等尊重的措施是（ ）。

    A. 互利互惠，平均分配   B. 加强交流，平等对话

    C. 只要合作，不要竞争   D. 人心难测，谨慎行事

8. 符合文明生产要求的做法是（ ）。

    A. 为了提高生产效率，增加工具损坏率

    B. 下班前搞好工作现场的环境卫生

    C. 工具使用后随意摆放

    D. 冒险带电作业

9. 不符合文明生产要求的做法是（ ）。

    A. 爱惜企业的设备、工具和材料

    B. 下班前搞好工作现场的环境卫生

    C. 工具使用后按规定放置到工具箱中

    D. 冒险带电作业

10. 部分电路欧姆定律反映了在（ ）的一段电路中，电流与这段电路两端的电压及电阻的关系。

    A. 含电源   B. 不含电源

    C. 含电源和负载   D. 不含电源和负载

11. 基尔霍夫定律的节点电流定律也适合任意（ ）。

    A. 封闭面   B. 短路   C. 开路   D. 连接点

12. 电容器上标注的符号 224 表示其容量为 22×10^4（ ）。

    A. F   B. μF   C. mF   D. pF

13. 单位面积上垂直穿过的磁感线数叫作（ ）。

    A. 磁通或磁通量   B. 磁导率

    C. 磁感应强度   D. 磁场强度

14. 正弦量有效值与最大值之间的关系，正确的是（ ）。

    A. $E = E_{\mathrm{m}}/\sqrt{2}$ B. $U = U_{\mathrm{m}}/2$

    C. $I_{\mathrm{av}} = 2/\pi \times E_{\mathrm{m}}$ D. $E_{\mathrm{av}} = E_{\mathrm{m}}/2$

15. 对称三相电路负载三角形联结，电源线电压为 380 V，负载复阻抗为 $Z = (8 + 6\mathrm{j})\ \Omega$，则线电流为（ ）A。

    A. 38   B. 22   C. 54   D. 66

16. 将变压器的一次绕组接交流电源，二次绕组开路，这种运行方式称为变压器

（　　）运行。
    A. 空载   B. 过载   C. 满载   D. 负载

17. 三相异步电动机具有结构简单、工作可靠、重量轻、（　　）等优点。
    A. 调速性能好 B. 价格低   C. 功率因数高 D. 交直流两用

18. 热继电器的作用是（　　）。
    A. 短路保护   B. 过载保护   C. 失压保护   D. 零压保护

19. 晶体管放大区的放大条件为（　　）。
    A. 发射结正偏，集电极反偏
    B. 发射结反偏或零偏，集电极反偏
    C. 发射结和集电结正偏
    D. 发射结和集电结反偏

20. 基极电流 i_B 的数值较大时，易引起静态工作点 Q 接近（　　）。
    A. 截止区   B. 饱和区   C. 死区   D. 交越失真

21. 单相桥式整流电路的变压器二次电压为 20 V，每个整流二极管所承受的最大反向电压为（　　）V。
    A. 20   B. 28.28   C. 40   D. 56.56

22. 电子仪器按（　　）可分为简易测量仪表，精密测量仪器，高精度测量仪器。
    A. 功能   B. 工作频段   C. 工作原理   D. 测量精度

23. 测量额定电压在 500 V 以下的设备或线路的绝缘电阻时，选用电压等级为（　　）兆欧表。
    A. 380 V   B. 400 V
    C. 500 V 或 1 000 V   D. 220 V

24. 钢丝钳（电工钳子）可以用来剪切（　　）。
    A. 细导线   B. 玻璃管   C. 钢条   D. 水管

25. 测量前需要将千分尺（　　）擦拭干净后检查零位是否正确。
    A. 固定套筒 B. 测量面   C. 微分筒   D. 测微螺杆

26. 软磁材料的主要分类有（　　）、金属软磁材料、其他软磁材料。
    A. 不锈钢   B. 铜合金
    C. 铁氧体软磁材料   D. 铝合金

27. 当流过人体的电流达到（　　）mA 时，就足以使人死亡。
    A. 0.1   B. 10   C. 20   D. 100

28. 如果人体直接接触带电设备及线路的一相时，电流通过人体而发生的触电现象称为（　　）。
    A. 单相触电   B. 两相触电
    C. 接触电压触电   D. 跨步电压触电

29. 手持电动工具使用时的安全电压为（　　）V。
    A. 9   B. 12   C. 24   D. 36

30. 危险环境下使用的手持电动工具的安全电压为（　　）V。

A. 9　　　　　　B. 12　　　　　　C. 24　　　　　　D. 36

31. 用手电钻钻孔时，要带（　　　）。
    A. 口罩　　　　　B. 帽子　　　　　C. 绝缘手套　　　　D. 眼镜

32. 一般中型工厂的电源进线电压是（　　　）。
    A. 380 kV　　　　B. 220 kV　　　　C. 10 kV　　　　D. 400 V

33. 下列污染形式中不属于生态破坏的是（　　　）。
    A. 森林破坏　　　B. 水土流失　　　C. 水源枯竭　　　D. 地面沉降

34. 对于每个职工来说，质量管理的主要内容有岗位的（　　　）、质量目标、质量保证措施和质量责任等。
    A. 信自反馈　　　B. 质量水平　　　C. 质量记录　　　D. 质量要求

35. 直流单臂电桥接入被测量电阻时，连接导线应（　　　）。
    A. 细，长　　　　B. 细，短　　　　C. 粗，短　　　　D. 粗，长

36. 直流双臂电桥工作时，具有（　　　）的特点。
    A. 电流大　　　　B. 电流小　　　　C. 电压大　　　　D. 电压小

37. 直流双臂电桥适用于测量（　　　）的电阻。
    A. 0.1 Ω 以下　　B. 1 Ω 以下　　　C. 10 Ω 以下　　　D. 100 Ω 以下

38. 直流单臂电桥和直流双臂电桥的测量端数目分别为（　　　）。
    A. 2、4　　　　　B. 4、2　　　　　C. 2、3　　　　　D. 3、2

39. 通常信号发生器能输出的信号波形有（　　　）。
    A. 正弦波　　　　B. 三角波　　　　C. 矩形波　　　　D. 以上都是

40. 通常信号发生器按频率分类有（　　　）。
    A. 低频信号发生器　　　　　　　　B. 高频信号发生器
    C. 超高频信号发生器　　　　　　　D. 以上都是

41. 使用 PF - 32 数字式万用表测 500 V 直流电压时，按下（　　　），此时万用表处于测量直流电压状态。
    A. S1　　　　　　B. S2　　　　　　C. S3　　　　　　D. S4

42. 示波器的 Y 轴通道对被测信号进行处理，然后加到示波管的（　　　）偏转板上。
    A. 水平　　　　　B. 垂直　　　　　C. 偏上　　　　　D. 偏下

43. 高品质、高性能的示波器一般适合（　　　）使用。
    A. 实验　　　　　B. 演示　　　　　C. 研发　　　　　D. 一般测试

44. 晶体管毫伏表专用输入电缆线，其屏蔽层、线芯分别是（　　　）。
    A. 信号线、接地线　　　　　　　　B. 接地线、信号线
    C. 保护线、信号线　　　　　　　　D. 保护线、接地线

45. 三端集成稳压电路 78 系列，其输出电流最大值为（　　　）A。
    A. 2　　　　　　　B. 1　　　　　　C. 3　　　　　　D. 1.5

46. 符合有"1"得"0"，全"0"得"1"的逻辑关系的逻辑门是（　　　）。
    A. 或门　　　　　B. 与门　　　　　C. 非门　　　　　D. 或非门

47. 晶闸管型号 KS20 - 8 中的 S 表示（　　　）。

A. 双层　　　　　B. 双向　　　　　C. 三层　　　　　D. 三极

48. 单结晶体管的结构中有（　　）个电极。

A. 4　　　　　B. 3　　　　　C. 2　　　　　D. 1

49. 单结晶体管在电路图中的文字符号是（　　）。

A. SCR　　　　　B. VT　　　　　C. VD　　　　　D. VC

50. 集成运放通常有（　　）部分组成。

A. 3　　　　　B. 4　　　　　C. 5　　　　　D. 6

51. 理想集成运放输出电阻为（　　）。

A. 10 Ω　　　　　B. 100 Ω　　　　　C. 0　　　　　D. 1 kΩ

52. 固定偏置共射极放大电路，已知 $R_B = 300$ kΩ，$R_C = 4$ kΩ，$V_{cc} = 12$ V，$\beta = 50$，则 I_{BQ} 为（　　）。

A. 40 μA　　　　　B. 30 μA　　　　　C. 40 mA　　　　　D. 10 μA

53. 分压式偏置共射放大电路，当温度升高时，其静态值 I_{BQ} 会（　　）。

A. 增大　　　　　B. 变小　　　　　C. 不变　　　　　D. 无法确定

54. 分压式偏置的共发射极放大电路中，若 V_B 点电位过高，电路易出现（　　）。

A. 截止失真　　　　　　　　　B. 饱和失真
C. 晶体管被烧坏　　　　　　　D. 双向失真

55. 为了减小信号源的输出电流，降低信号源负担，常用共集电极放大电路的（　　）特性。

A. 输入电阻大　　　　　　　　B. 输入电阻小
C. 输出电阻大　　　　　　　　D. 输出电阻小

56. 适合高频电路应用的电路是（　　）。

A. 共射极放大电路　　　　　　B. 共集电极放大电路
C. 共基极放大电路　　　　　　D. 差动放大电路

57. 要稳定输出电压，增大电路输入电阻，应选用（　　）负反馈。

A. 电压串联　　B. 电压并联　　C. 电流串联　　D. 电流并联

58. （　　）用于表示差动放大电路性能的高低。

A. 电压放大倍数　　　　　　　B. 功率
C. 共模抑制比　　　　　　　　D. 输出电阻

59. RC 选频振荡电路适合（　　）kHz 以下的低频电路。

A. 1 000　　　　　B. 200　　　　　C. 100　　　　　D. 50

60. LC 选频振荡电路达到谐振时，选频电路的相位移为（　　）度。

A. 0　　　　　B. 90　　　　　C. 180　　　　　D. −90

61. 串联型稳压电路的取样电路与负载的关系为（　　）接法。

A. 串联　　　　　B. 并联　　　　　C. 混联　　　　　D. 星形

62. 下列逻辑门电路需要外接上拉电阻才能正常工作的是（　　）。

A. 与非门　　B. 或非门　　C. 与或非门　　D. OC 门

63. 单相半波可控整流电路的电源电压为220 V，晶闸管的额定电压要留2倍裕量，则需选购（　　）V 的晶闸管。

  A. 250   B. 300   C. 500   D. 700

64. 单相桥式可控整流电路电阻性负载，晶闸管中的电流平均值是负载的（　　）倍。

  A. 0.5   B. 1   C. 2   D. 0.25

65. 单相桥式可控整流电路电阻性负载时，控制角 α 的移相范围是（　　）。

  A. 0°~360° B. 0°~270° C. 0°~90° D. 0°~180°

66. 单结晶体管触发电路通过调节（　　）来调节控制角 α。

  A. 电位器 B. 电容器 C. 变压器 D. 电抗器

67. 晶闸管电路中串入小电感的目的是（　　）。

  A. 防止电流尖峰   B. 防止电压尖峰

  C. 产生触发脉冲   D. 产生自感电动势

68. 晶闸管两端（　　）的目的是实现过压保护。

  A. 串联快速熔断器   B. 并联快速熔断器

  C. 并联压敏电阻   D. 串联压敏电阻

69. 对于电阻性负载，熔断器熔体的额定电流（　　）线路的工作电流。

  A. 远大于   B. 不等于

  C. 等于或略大于   D. 等于或略小于

70. 一般电气控制系统中宜选用（　　）断路器。

  A. 塑壳式 B. 限流型 C. 框架式 D. 直流快速

71. 接触器的额定电压应不小于主电路的（　　）。

  A. 短路电压 B. 工作电压 C. 最大电压 D. 峰值电压

72. 对于△接法的异步电动机应选用（　　）结构的热继电器。

  A. 四相 B. 三相 C. 两相 D. 单相

73. 中间继电器的选用依据是控制电路的电压等级、电流类型、所需触点的（　　）和容量等。

  A. 大小 B. 种类 C. 数量 D. 等级

74. 电气控制线路中的停止按钮应选用（　　）颜色。

  A. 绿 B. 红 C. 蓝 D. 黑

75. 选用 LED 指示灯的优点之一是（　　）。

  A. 寿命长 B. 发光强 C. 价格低 D. 颜色多

76. BK 系列控制变压器通常用作机床控制电器局部（　　）及指示的电源之用。

  A. 照明灯 B. 电动机 C. 油泵 D. 压缩机

77. 控制两台电动机错时启动的场合，可采用（　　）时间继电器。

  A. 液压型 B. 气动型 C. 通电延时型 D. 断电延时型

78. 压力继电器选用时首先要考虑所测对象的压力范围，还要符合电路中的（　　），接口管径的大小。

  A. 功率因数 B. 额定电压 C. 电阻率 D. 相位差

79. 直流电动机结构复杂、价格贵、制造麻烦、（　　），但启动性能好、调速范围大。

A．换向器大　　B．换向器小　　C．维护困难　　D．维护容易

80. 直流电动机的转子由电枢铁芯、电枢绕组、（　　）、转轴等组成。

A．接线盒　　B．换向极　　C．主磁极　　D．换向器

81. 并励直流电动机的励磁绕组与（　　）并联。

A．电枢绕组　　B．换向绕组　　C．补偿绕组　　D．稳定绕组

82. 直流电动机常用的启动方法有：电枢串电阻启动、（　　）等。

A．弱磁启动　　B．降压启动　　C．Y－△启动　　D．变频启动

83. 直流电动机弱磁调速时，转速只能从额定转速（　　）。

A．降低一半　　B．开始反转　　C．往上升　　D．往下降

84. 直流电动机的各种制动方法中，消耗电能最多的方法是（　　）。

A．反接制动　　B．能耗制动　　C．回馈制动　　D．再生制动

85. 直流电动机只将励磁绕组两头反接时，电动机的（　　）。

A．转速下降　　B．转速上升　　C．转向反转　　D．转向不变

86. 下列故障原因中（　　）会导致直流电动机不能启动。

A．电源电压过高　　　　　　B．电动机过载

C．电刷架位置不对　　　　　D．励磁回路电阻过大

87. 绕线式异步电动机转子串电阻启动时，随着转速的升高，要逐渐（　　）。

A．增大电阻　　B．减小电阻　　C．串入电阻　　D．串入电感

88. 以下属于多台电动机顺序控制的线路是（　　）。

A．一台电动机正转时不能立即反转的控制线路

B．Y－△启动控制线路

C．电梯先上升后下降的控制线路

D．电动机2可以单独停止，电动机1停止时电动机2也停止的控制线路

89. 位置控制就是利用生产机械运动部件上的（　　）与位置开关碰撞来控制电动机的工作状态的。

A．挡铁　　B．红外线　　C．按钮　　D．超声波

90. 下列属于位置控制线路的是（　　）。

A．走廊照明灯的两处控制电路　　B．电风扇摇头电路

C．电梯的开关门电路　　　　　　D．电梯的高低速转换电路

91. 三相异步电动机反接制动，转速接近零时要立即断开电源，否则电动机会（　　）。

A．飞车　　B．反转　　C．短路　　D．烧坏

92. 三相异步电动机电源反接制动时需要在定子回路中串入（　　）。

A．限流开关　　B．限流电阻　　C．限流二极管　　D．限流三极管

93. 三相异步电动机再生制动时，定子绕组中流过（　　）。

A．高压电　　B．直流电　　C．三相交流电　　D．单相交流电

94. 同步电动机可采用的启动方法是（　　）。

A．转子串三级电阻启动　　　B．转子串频敏变阻器启动

C．变频启动法　　　　　　　D．Y－△启动法

95. M7130 型平面磨床的主电路中有三台电动机，使用了（　　）热继电器。
    A. 三个　　　　　　B. 四个　　　　　　C. 一个　　　　　　D. 两个

96. M7130 型平面磨床控制电路中的两个热继电器常闭触点的连接方法是（　　）。
    A. 并联　　　　　　B. 串联　　　　　　C. 混联　　　　　　D. 独立

97. M7130 型平面磨床控制线路中导线截面最细的是（　　）。
    A. 连接砂轮电动机 M1 的导线　　　　B. 连接电源开关 QS1 的导线
    C. 连接电磁吸盘 YH 的导线　　　　　D. 连接冷却泵电动机 M2 的导线

98. M7130 型平面磨床中，砂轮电动机和液压泵电动机都采用了（　　）正转控制电路。
    A. 接触器自锁　B. 按钮互锁　C. 接触器互锁　D. 时间继电器

99. M7130 型平面磨床中电磁吸盘吸力不足的原因之一是（　　）。
    A. 电磁吸盘的线圈内有匝间短路　　　B. 电磁吸盘的线圈内有开路点
    C. 整流变压器开路　　　　　　　　　D. 整流变压器短路

100. M7130 型平面磨床中三台电动机都不能启动，转换开关 QS2 正常，熔断器和热继电器也正常，则需要检查修复（　　）。
    A. 欠电流继电器 KUC　　　　　　　B. 接插器 X1
    C. 接插器 X2　　　　　　　　　　　D. 照明变压器 T2

101. C6150 型车床主轴电动机通过（　　）控制正反转。
    A. 手柄　　　　B. 接触器　　　　C. 断路器　　　　D. 热继电器

102. C6150 型车床控制线路中变压器安装在配电板的（　　）。
    A. 左方　　　　B. 右方　　　　C. 上方　　　　D. 下方

103. C6150 型车床的 4 台电动机中，配线最粗的是（　　）。
    A. 快速移动电动机　　　　　　　　　B. 冷却液电动机
    C. 主轴电动机　　　　　　　　　　　D. 润滑泵电动机

104. C6150 型车床主轴电动机的正反转控制线路具有（　　）互锁功能。
    A. 接触器　　　B. 行程开关　　　C. 中间继电器　　　D. 速度继电器

105. C6150 型车床控制电路无法工作的原因是（　　）。
    A. 接触器 KM1 损坏　　　　　　　　B. 控制变压器 TC 损坏
    C. 接触器 KM2 损坏　　　　　　　　D. 三位置自动复位开关 SA1 损坏

106. C6150 型车床主电路有电，控制电路不能工作时，应首先检修（　　）。
    A. 电源进线开关　　　　　　　　　　B. 接触器 KM1 或 KM2
    C. 控制变压器 TC　　　　　　　　　 D. 三位置自动复位开关 SA1

107. Z3040 型摇臂钻床中摇臂上升下降的控制按钮安装在（　　）。
    A. 摇臂上　　　B. 立柱外壳上　　C. 主轴箱外壳上　D. 底座上

108. Z3040 型摇臂钻床中的控制变压器比较重，所以应该安装在配电板的（　　）。
    A. 下方　　　　B. 上方　　　　C. 右方　　　　D. 左方

109. Z3040 型摇臂钻床中利用（　　）实行摇臂上升与下降的限位保护。
    A. 电流继电器　B. 光电开关　　C. 按钮　　　　D. 行程开关

110. Z3040 型摇臂钻床中利用（　　）实现升降电动机断开电源完全停止后才开始

夹紧的联锁。

    A. 压力继电器 B. 时间继电器   C. 行程开关   D. 控制按钮

111. Z3040 型摇臂钻床中摇臂不能夹紧的可能原因是（　　　）。

    A. 速度继电器位置不当   B. 行程开关 SQ3 位置不当

    C. 时间继电器定时不合适   D. 主轴电动机故障

112. Z3040 型摇臂钻床中摇臂不能升降的原因是液压泵转向不对时，应（　　　）。

    A. 调整行程开关 SQ2 位置   B. 重接电源相序

    C. 更换液压泵   D. 调整行程开关 SQ3 位置

113. 光电开关可以非接触、（　　　）地迅速检测和控制各种固体、液体、透明体、黑体、柔软体、烟雾等物质的状态。

    A. 高亮度   B. 小电流   C. 大力矩   D. 无损伤

114. 当被检测物体的表面光亮或其反光率极高时，应优先选用（　　　）光电开关。

    A. 光纤式   B. 槽式   C. 对射式   D. 漫反射式

115. 光电开关的配线不能与（　　　）放在同一配线管或走线槽内。

    A. 光纤线   B. 网络线   C. 动力线   D. 电话线

116. 高频振荡电感型接近开关主要由感应头、振荡器、（　　　）、输出电路等组成。

    A. 继电器   B. 开关器   C. 发光二极管   D. 光电三极管

117. 高频振荡电感型接近开关的感应头附近无金属物体接近时，接近开关（　　　）。

    A. 有信号输出   B. 振荡电路工作

    C. 振荡减弱或停止   D. 产生涡流损耗

118. 接近开关的图形符号中，其常开触点部分与（　　　）的符号相同。

    A. 断路器   B. 一般开关   C. 热继电器   D. 时间继电器

119. 当检测体为金属材料时，应选用（　　　）接近开关。

    A. 高频振荡型 B. 电容型   C. 电阻型   D. 阻抗型

120. 选用接近开关时应注意对工作电压、（　　　）、响应频率、检测距离等各项指标的要求。

    A. 工作速度   B. 工作频率   C. 负载电流   D. 工作功率

121. 磁性开关中干簧管的工作原理是（　　　）。

    A. 与霍尔元件一样   B. 磁铁靠近接通，无磁断开

    C. 通电接通，无电断开   D. 与电磁铁一样

122. 磁性开关的图形符号中，其菱形部分与常开触点部分用（　　　）相连。

    A. 虚线   B. 实线   C. 双虚线   D. 双实线

123. 磁性开关在使用时要注意磁铁与（　　　）之间的有效距离在 10 mm 左右。

    A. 干簧管   B. 磁铁   C. 触点   D. 外壳

124. 增量式光电编码器主要由光源、码盘、（　　　）、光电检测器件和转换电路组成。

    A. 发光二极管 B. 检测光栅   C. 运算放大器   D. 脉冲发生器

125. 增量式光电编码器每产生一个（　　　）就对应于一个增量位移。

    A. 输出脉冲信号   B. 输出电流信号

        C. 输出电压信号   D. 输出光脉冲

126. 增量式光电编码器根据输出信号的可靠性选型时要考虑（　　）。

    A. 电源频率   B. 最大分辨率   C. 环境温度   D. 空间高度

127. 可编程序控制器是一种专门在（　　）环境下应用而设计的数字运算操作的电子装置。

    A. 工业   B. 军事   C. 商业   D. 农业

128. 可编程序控制器采用大规模集成电路构成的（　　）和存储器来组成逻辑部分。

    A. 运算器   B. 微处理器   C. 控制器   D. 累加器

129. 可编程序控制器系统由（　　）、扩展单元、编程器、用户程序、程序存储器等组成。

    A. 基本单元   B. 键盘   C. 鼠标   D. 外围设备

130. 可编程序控制器通过编程，可以灵活地改变（　　），实现改变常规电气控制电路的目的。

    A. 主电路   B. 硬接线   C. 控制电路   D. 控制程序

131. 在 FX_{2N} PLC 中，M8000 线圈用户可以使用（　　）次。

    A. 3   B. 2   C. 1   D. 0

132. 可编程序控制器（　　）中存放的随机数据掉电即丢失。

    A. RAM   B. DVD   C. EPROM   D. CD

133. 可编程序控制器停止时，（　　）阶段停止执行。

    A. 输出采样   B. 输入采样   C. 程序执行   D. 输出刷新

134. PLC 在程序执行阶段，输入信号的改变会在（　　）扫描周期读入。

    A. 下一个   B. 当前   C. 下两个   D. 下三个

135. PLC（　　）阶段根据读入的输入信号状态，解读用户程序逻辑，按用户逻辑得到正确的输出。

    A. 输出采样   B. 输入采样   C. 程序执行   D. 输出刷新

136. 继电器接触器控制电路中的计数器，在 PLC 控制中可以用（　　）替代。

    A. M   B. S   C. C   D. T

137. （　　）是 PLC 主机的技术性能范围。

    A. 行程开关   B. 光电传感器   C. 温度传感器   D. 内部标志位

138. FX_{2N} 可编程序控制器 DC 输入型，可以直接接入（　　）信号。

    A. AC 24 V   B. 4～20 mA 电流   C. DC 24 V   D. DC 0～5 V 电压

139. 对于晶闸管输出型可编程序控制器其所带负载只能是额定（　　）电源供电。

    A. 交流   B. 直流   C. 交流或直流   D. 低压直流

140. FX_{2N}–40MR 可编程序控制器，表示 F 系列（　　）。

    A. 基本单元   B. 扩展单元   C. 单元类型   D. 输出类型

141. 可编程序控制器在输入端使用了（　　），来提高系统的抗干扰能力。

    A. 继电器   B. 晶闸管   C. 晶体管   D. 光电耦合器

142. FX_{2N} 系列可编程序控制器并联常闭点用（　　）指令。

    A. LD   B. LDI   C. OR   D. ORI

143. 在一个 PLC 程序中，同一地址号的线圈只能使用（　　）次。
     A. 三　　　　 B. 二　　　　　 C. 一　　　　　 D. 无限

144. 对于小型开关量 PLC 梯形图程序，一般只有（　　）。
     A. 初始化程序 B. 子程序　　 C. 中断程序　　 D. 主程序

145. 在 FX$_{2N}$ PLC 中，T200 的定时精度为（　　）。
     A. 1 ms　　　 B. 10 ms　　　 C. 100 ms　　 D. 1 s

146. PLC 编程软件通过计算机，可以对 PLC 实施（　　）。
     A. 编程　　　 B. 运行控制　　 C. 监控　　　 D. 以上都是

147. 将程序写入可编程序控制器时，首先将（　　）清零。
     A. 存储器　　 B. 计数器　　 C. 计时器　　 D. 计算器

148. 可编程序控制器的接地线截面一般大于（　　）mm^2。
     A. 1　　　　 B. 1.5　　　 C. 2　　　　 D. 2.5

149. 为避免程序和（　　）丢失，可编程序控制器装有锂电池，当锂电池电压降至相应的信号灯亮时，要及时更换电池。
     A. 地址　　　 B. 序号　　　 C. 指令　　　 D. 数据

150. 根据电动机正反转梯形图，下列指令正确的是（　　）。

     A. ORI Y001　 B. LD X000　　 C. AND X001　　 D. AND X002

151. 根据电动机顺序启动梯形图，下列指令正确的是（　　）。

     A. ORI Y001　 B. LDI X000　　 C. AND X001　　 D. ANDI X002

152. 根据电动机自动往返梯形图，下列指令正确的是（　　）。

     A. LDI X002　 B. ORI Y002　　 C. AND Y001　　 D. ANDI X003

153. FX 编程器的显示内容包括地址、数据、（　　）、指令执行情况和系统工作状态等。
    A. 程序　　　　　B. 参数　　　　　C. 工作方式　　　　D. 位移储存器

154. 变频器是通过改变（　　）电压、频率等参数来调节电动机转速的装置。
    A. 交流电动机定子　　　　　　　B. 交流电动机转子
    C. 交流电动机定子、转子　　　　D. 交流电动机磁场

155. 就交流电动机各种启动方式的主要技术指标来看，性能最佳的是（　　）。
    A. 串电感启动　　　　　　　　　B. 串电阻启动
    C. 软启动　　　　　　　　　　　D. 变频启动

156. 软启动器的晶闸管调压电路组件主要由动力底座、（　　）、限流器、通信模块等选配模块组成。
    A. 输出模块　　　B. 以太网模块　　　C. 控制单元　　　D. 输入模块

157. 西普 STR 系列（　　）软启动器，是内置旁路、集成型。
    A. A 型　　　　　B. B 型　　　　　C. C 型　　　　　D. L 型

158. 变频器常见的频率给定方式主要有操作器键盘给定、控制输入端给定、模拟信号给定及通信方式给定等，来自 PLC 控制系统的给定不采用（　　）方式。
    A. 键盘给定　　　　　　　　　　B. 控制输入端给定
    C. 模拟信号给定　　　　　　　　D. 通信方式给定

159. 软启动器的功能调节参数有：运行参数、（　　）、停车参数。
    A. 电阻参数　　　B. 启动参数　　　C. 电子参数　　　D. 电源参数

160. 软启动器对搅拌机等静阻力矩较大的负载应采取（　　）方式。
    A. 转矩控制启动　　　　　　　　B. 电压斜坡启动
    C. 加突跳转矩控制启动　　　　　D. 限流软启动

二、判断题（第 161 题～第 200 题。将判断结果填入括号中。正确的填"√"，错误的填"×"。每题 0.5 分，满分 20 分）

161. （　　）职业道德是一种强制性的约束机制。

162. （　　）线电压为相电压的 $\sqrt{3}$ 倍，同时线电压的相位超前相电压 120°。

163. （　　）维修电工以电气原理图、安装接线图和平面布置图最为重要。

164. （　　）常用的绝缘材料包括：气体绝缘材料、液体绝缘材料和固体绝缘材料。

165. （　　）普通螺纹的牙型角是 55°，英制螺纹的牙型角是 60°。

166. （　　）劳动安全卫生管理制度对未成年工给予了特殊的劳动保护，这其中的未成年工是指年满 16 周岁未满 18 周岁的人。

167. （　　）双向晶闸管是四层半导体结构。

168. （　　）普通晶闸管的额定电流是以工频正弦半波电流的平均值来表示的。

169. （　　）双向晶闸管一般用于交流调压电路。

170. （　　）集成运放不仅能应用于普通的运算电路，还能用于其他场合。

171. （　　）放大电路通常工作在小信号状态下，功放电路通常工作在极限状态下。

172. （　　）单结晶体管触发电路输出尖脉冲。

173. （　　）绕线式异步电动机转子串电阻启动过程中，一般分段切除启动电阻。

174.（　　）多台电动机的顺序控制功能无法在主电路中实现。

175.（　　）三相异步电动机能耗制动的过程可用热继电器来控制。

176.（　　）同步电动机的启动方法与异步电动机一样。

177.（　　）M7130 型平面磨床中，冷却泵电动机 M2 必须在砂轮电动机 M1 运行后才能启动。

178.（　　）Z3040 型摇臂钻床的主电路中有四台电动机。

179.（　　）光电开关按结构可分为放大器分离型、放大器内藏型和电源内藏型三类。

180.（　　）永久磁铁和干簧管可以构成磁性开关。

181.（　　）增量式光电编码器可将转轴的角位移、角速度等机械量转换成相应的电脉冲以数字量输出。

182.（　　）FX_{2N} 系列可编程序控制器辅助继电器用 T 表示。

183.（　　）PLC 梯形图编程时，输出继电器的线圈可以并联放在右端。

184.（　　）FX_{2N} 系列可编程序控制器的地址是按十进制编制的。

185.（　　）PLC 控制的电动机自动往返线路中，交流接触器线圈电路中不需要使用触点硬件互锁。

186.（　　）变频调速性能优异、调速范围大、平滑性好、低速特性较硬，是绕线式转子异步电动机的一种理想调速方法。

187.（　　）软启动器主要由带电压闭环控制的晶闸管交流调压电路组成。

188.（　　）风机、泵类负载在轻载时变频，满载时工频运行，这种工频 – 变频切换方式最节能。

189.（　　）变频器输出侧技术数据中额定输出电流是用户选择变频器容量时的主要依据。

190.（　　）交—交变频是把工频交流电整流为直流电，然后再把直流电逆变为所需频率的交流电。

191.（　　）在变频器实际接线时，控制电缆应靠近变频器，以防止电磁干扰。

192.（　　）风机和泵类负载的变频调速时，用户应选择变频器的 U/f 线型，折线型补偿方式。

193.（　　）软启动器可用于降低电动机的启动电流，防止启动时产生力矩的冲击。

194.（　　）软启动器主要由带电流闭环控制的晶闸管交流调压电路组成。

195.（　　）软启动器的主电路采用晶闸管交流调压器，稳定运行时晶闸管长期工作。

196.（　　）软启动器的保护主要有对软启动器内部元器件的保护、对外部电路的保护、对电动机的保护等。

197.（　　）一台软启动器只能控制一台异步电动机的启动。

198.（　　）使用一台软启动器能实现多台电动机的启动。

199.（　　）软启动器的日常维护主要是设备的清洁、凝露的干燥、通风散热、连接器及导线的维护等。

200.（　　）软启动器的日常维护应由使用人员自行开展。

理论知识考试模拟试卷（一）答案

一、单项选择题

1. D	2. B	3. C	4. C	5. B	6. B	7. B	8. C
9. C	10. B	11. D	12. A	13. B	14. A	15. B	16. D
17. C	18. A	19. B	20. C	21. A	22. B	23. A	24. B
25. D	26. B	27. B	28. D	29. A	30. B	31. B	32. A
33. D	34. B	35. D	36. B	37. D	38. D	39. B	40. C
41. C	42. B	43. B	44. B	45. B	46. D	47. A	48. C
49. A	50. B	51. D	52. B	53. A	54. A	55. B	56. A
57. A	58. A	59. A	60. B	61. B	62. C	63. A	64. D
65. B	66. B	67. C	68. C	69. B	70. C	71. A	72. D
73. B	74. C	75. A	76. B	77. B	78. A	79. C	80. A
81. C	82. C	83. A	84. A	85. D	86. A	87. D	88. B
89. A	90. A	91. A	92. C	93. B	94. D	95. C	96. B
97. D	98. D	99. D	100. B	101. C	102. B	103. A	104. C
105. D	106. C	107. D	108. C	109. B	110. B	111. A	112. C
113. D	114. C	115. D	116. B	117. C	118. A	119. C	120. A
121. B	122. D	123. B	124. D	125. C	126. B	127. A	128. A
129. B	130. B	131. D	132. D	133. D	134. B	135. D	136. C
137. D	138. A	139. A	140. A	141. A	142. C	143. C	144. D
145. A	146. A	147. A	148. C	149. C	150. C	151. A	152. D
153. B	154. D	155. C	156. A	157. A	158. C	159. A	160. C

二、判断题

161. ×	162. √	163. ×	164. ×	165. √	166. √	167. ×	168. √
169. √	170. ×	171. √	172. ×	173. √	174. √	175. √	176. ×
177. ×	178. ×	179. √	180. √	181. ×	182. √	183. √	184. √
185. √	186. √	187. √	188. √	189. √	190. ×	191. √	192. ×
193. √	194. √	195. √	196. √	197. √	198. ×	199. √	200. ×

理论知识考试模拟试卷（二）答案

一、单项选择题

1. B	2. A	3. A	4. A	5. A	6. C	7. B	8. B
9. D	10. B	11. A	12. D	13. C	14. A	15. D	16. A
17. B	18. B	19. A	20. B	21. B	22. D	23. C	24. A
25. B	26. C	27. D	28. A	29. D	30. D	31. C	32. C
33. D	34. D	35. C	36. A	37. B	38. A	39. D	40. D
41. C	42. B	43. C	44. B	45. D	46. D	47. B	48. B
49. B	50. B	51. C	52. A	53. A	54. B	55. A	56. C
57. A	58. C	59. B	60. A	61. B	62. D	63. D	64. A
65. D	66. A	67. A	68. C	69. C	70. A	71. B	72. B
73. C	74. B	75. A	76. A	77. C	78. B	79. C	80. D
81. A	82. B	83. C	84. A	85. C	86. B	87. B	88. D
89. A	90. C	91. B	92. B	93. C	94. C	95. D	96. B
97. C	98. A	99. A	100. A	101. B	102. D	103. C	104. A
105. B	106. C	107. C	108. A	109. D	110. B	111. B	112. B
113. D	114. D	115. C	116. B	117. B	118. B	119. A	120. C
121. B	122. A	123. A	124. B	125. A	126. B	127. A	128. B
129. A	130. D	131. D	132. A	133. C	134. B	135. C	136. C
137. D	138. C	139. A	140. A	141. A	142. D	143. C	144. D
145. B	146. D	147. A	148. C	149. A	150. A	151. D	152. D
153. C	154. A	155. D	156. C	157. A	158. D	159. B	160. B

二、判断题

161. ×	162. ×	163. √	164. √	165. ×	166. √	167. ×	168. √
169. √	170. √	171. √	172. √	173. √	174. ×	175. ×	176. ×
177. √	178. √	179. √	180. √	181. √	182. ×	183. √	184. ×
185. ×	186. √	187. √	188. √	189. √	190. √	191. √	192. √
193. √	194. √	195. ×	196. ×	197. ×	198. √	199. √	200. ×

第三部分　操作技能考核试题

鉴定范围1　电力拖动控制线路的安装与调试

【试题1】 安装和调试双速交流异步电动机自动变速控制电路

一、电路原理图

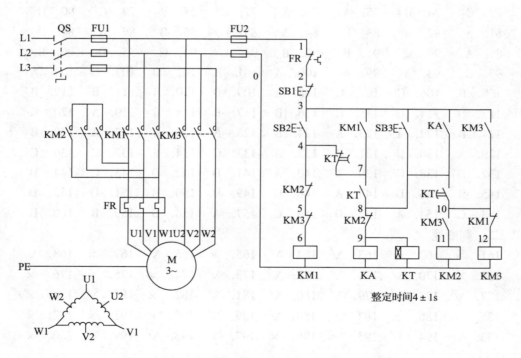

图3—1　双速交流异步电动机自动变速控制线路原理图

二、考核要求

1. 按图纸的要求进行正确熟练地安装；元件在配线板上布置要合理，安装要准确紧固，配线要求紧固、美观，导线要进走线槽；正确使用工具和仪表。

2. 电源和电动机配线，按钮接线要接到端子排上，进出走线槽的导线要有端子标号，引出端要用别径压端子。

3. 安全文明操作。

三、配分与考核时间

满分 40 分，考核时间 210 min。

四、设备及设施准备

设备及设施准备见表 3—1。

表 3—1　　　　　　　　　　设备及设施准备

序号	名称	型号与规格	单位	数量	备注
1	三相四线电源	~3×380 V/220 V、20 A	处	1	
2	单相交流电源	~220 V/36 V、5 A	处	1	
3	双速电动机	YD132M-4/2，6.5 kW/8 kW，△/2Y；或自定	台	1	
4	配线板	500 mm×600 mm×20 mm	块	1	
5	组合开关	HZ10-25/3	个	1	
6	交流接触器	CJ10-10，线圈电压 380 V	只	3	
7	中间继电器	JZ7-44A，线圈电压 380 V	只	1	
8	热继电器	JR16-20/3，整定电流 13~18 A	只	2	
9	时间继电器	JS7-4A，线圈电压 380 V	只	1	
10	熔断器及熔芯	RL1-60/20 A	套	3	
11	熔断器及熔芯	RL1-15/4 A	套	2	
12	三联按钮	LA10-3H 或 LA4-3H	个	1	
13	接线端子排	JX2-1015，500 V、10 A、15 节；或自定	条	2	
14	木螺钉、平垫圈	ϕ3 mm×20 mm，ϕ3 mm×15 mm，平垫圈 ϕ4 mm	个	30	
15	圆珠笔	自定	支	1	
16	塑料软铜线	BVR-2.5 mm²/BVR-1.5 mm²，颜色自定	m	20/30	
17	塑料软铜线	BVR-0.75 mm²，颜色自定	m	5	
18	别径压端子	UT2.5-4，UT1-4	个	20	
19	走线槽	TC3025，长 34 mm，两边打孔 ϕ3.5 mm	条	5	
20	异型塑料管	ϕ3 mm，或自定编码管	m	0.2	
21	通用电工工具	验电笔、钢丝钳、一字形和十字形旋具、电工刀、尖嘴钳、活扳手、剥线钳等	套	1	
22	通用电工仪表	万用表、兆欧表、钳形电流表；型号自定	块	各1	
23	劳保用品	绝缘鞋、工作服等	套	1	

五、配分与评分标准

配分与评分标准见表 3—2。

表 3—2　　　　　　　　　　配分与评分标准

序号	考核内容	评分标准	配分	扣分	得分
1	元件安装	1. 元件安装不整齐、不匀称、不合理，每只扣1分 2. 元件安装不牢固，安装元件时漏装螺钉，每只扣1分 3. 损坏元件，每只扣2分	5		
2	布线	1. 电动机运行正常，如不按电气原理图接线，扣1分 2. 布线不进走线槽，不美观，主电路、控制电路每根扣0.5分 3. 接点松动、露铜过长、反圈、压绝缘层，标记线号不清楚、遗漏或误标，引出端无别径端子每处扣0.5分 4. 损伤导线绝缘或线芯，每根扣2分	15		
3	通电试验	1. 时间继电器及热继电器整定值错误各扣2分 2. 主电路、控制电路配错熔体，每个扣1分 3. 一次试运行不成功扣5分；二次试运行不成功扣10分；三次试运行不成功扣15分；乱线敷设，扣5分	20		
备注			合计		
			考评员签字		年 月 日

【试题1】 操作解析

一、操作步骤描述

操作步骤：电气元件检查→阅读电路图→元器件摆放→元器件固定→布线→检查线路→盖上走线槽→空载试运行→带负载试运行→断开电源，整理考场。

二、操作步骤解析

操作步骤和内容

1. 电器元件检查

检查电路图、配电板、走线槽、导线、各种元器件、三相电动机是否备齐，所用电气元件的外观应完整无损、合格。

特别提示：重点检查电路图、配电板、导线和各种元器件是否齐全。

2. 阅读电路图

为保证接线准确，读图时要对电路图进行标号。

特别提示：本电路时间继电器为通电延时型，主电路由 KM1 实现电动机 M 的△形联结低速运转，KM2、KM3 实现电动机 M 的ΥΥ形联结高速运转。

合上电源开关 QS。

低速控制：按下低速启动按钮 SB2，接触器 KM1 线圈得电自锁，KM1 主触头闭合，电动机 M 接成△形联结低速运行。

操作步骤和内容

　　高速控制：按下高速启动按钮 SB3，中间继电器 KA 和时间继电器 KT 线圈得电，KA、KT 常开触头自锁，KM1 主触头闭合，电动机 M 接成△形联结低速启动。经过一定延时 KT 延时常闭触头延时断开，KM1 线圈断电释放，KT 延时常开触头延时闭合，KM2、KM3 线圈得电主触头闭合，电动机 M 接成丫丫形联结高速运行。

　　停止控制：按下停止按钮 SB1，KM1（或 KM2、KM3）线圈断电释放，主触头断开，电动机 M 断电低速（或高速）停止运行。

---

3. 元器件摆放

　　首先确定交流接触器位置，进行水平放置，然后逐步确定其他元器件。元器件布置要整齐、匀称、合理。

　　特别提示：确定元器件安装位置时，应做到既方便安装和布线，又要考虑便于检修。

---

4. 元器件固定

　　用划针确定位置，再进行元器件安装固定。元器件要先对角固定，不能一次拧紧，待螺钉上齐后再逐个拧紧。

　　特别提示：固定时用力不要过猛，不能损坏元件。

---

5. 布线

　　（1）按电路图的要求，确定走线方向并进行布线。可先布主电路线，也可先布控制回路线。

　　（2）截取长度合适的导线，弯成合适的形状，选择适当剥线钳进行剥线。

　　（3）主回路和控制回路的线号套管必须齐全，每一根导线的两端都必须套上编码套管。标号要写清楚，不能漏标、误标。

　　（4）接线不能松动、露出铜线不能过长、不能压绝缘层，从一个接线桩到另一个接线桩的导线必须是连续的，中间不能有接头，不得损伤导线绝缘及线芯。

　　（5）各电气元件与走线槽之间的导线，应尽可能做到横平竖直，变换走向要垂直。进入走线槽内的导线要完全置于走线槽内，并应尽可能避免交叉。

　　特别提示：确定的走线方向应合理。剥线后弯圈要顺螺纹的方向。一般一个接线端子只能连接 1 根导线，最多接 2 根，不允许接 3 根。装线时不要超过走线槽容量的 70%，这样既便于方便地盖上走线槽盖，也便于以后的装配和维修。

---

6. 检查线路

　　按电路图从电源端开始，逐段核对接线及接线端子处线号。用万用表检查线路的通断，检查主电路、控制电路熔体，检查热继电器、时间继电器整定值。用万用表检查线路，可先断开控制回路，用欧姆挡检查主回路有无短路现象。然后断开主回路再检查控制回路有无开路或短路现象。用 500 V 兆欧表检查线路的绝缘电阻，不应小于 0.5 MΩ。

　　特别提示：布线的同时要不断检查是否按线路图的要求进行布线。重点检查主回路有无漏接、错接及控制回路中容易接错之处。检查导线压接是否牢固，接触是否良好，以免带负载运转时产生打弧现象。主电路、控制电路熔体选择要正确，热继电器和时间继电器整定值要合适。

---

7. 盖上走线槽

　　检查线路接线无误后盖上走线槽盖。按工艺要求，修正走线槽的敷设工艺。

---

8. 空载试运转

　　自检以后进行空载运转。空载试运转时接通三相电源，合上电源开关，用试电笔检查熔断器出线端，氖管亮表示电源接通。按动启动按钮，观察接触器动作是否正常，经反复几次操作，正常后方可进行带负载运行。

　　特别提示：安装完毕的控制线路板，必须经同意后才能通电试运行。在通电试运行时，应认真执行安全操作规程的有关规定，一人监护，一人操作。

操作步骤和内容

9. 带负载试运行

空载试运行正常后进行带负载试运行。带负载试运行时，拉下电源开关，检查电动机接线无误后，再合闸送电。

启动电动机时，当电动机平稳运行后，用钳形电流表测量三相电流是否平衡。

10. 断开电源，整理考场

带负载试运行正常，经同意后应断开电源，整理考场。

特别提示：通电试运行完毕，停转、断开电源。先拆除三相电源线，再拆除电动机线，整理考场。

【试题2】 安装和调试断电延时带直流能耗制动 Y – △ 启动控制电路

一、电路原理图

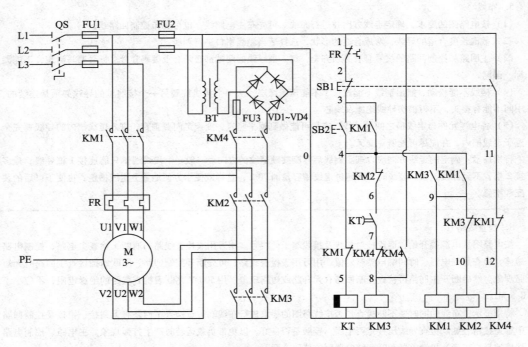

图3—2 断电延时带直流能耗制动的 Y – △ 启动的控制电路原理图

二、考核要求

1. 按图纸的要求进行正确熟练地安装；元件在配线板上布置要合理，安装要准确紧固，布线要求横平竖直，应尽量避免交叉跨越，接线紧固、美观；正确使用工具和仪表。

2. 电源和电动机配线，按钮接线要接到端子排上，要注明引出端子标号。

3. 安全文明操作。

三、配分与考核时间

满分 40 分，考核时间 210 min。

四、设备及设施准备

设备及设施准备见表 3—3。

表 3—3   **设备及设施准备**

序号	名称	型号与规格	单位	数量	备注
1	三相四线电源	~3×380 V/220 V、20 A	处	1	
2	单相交流电源	~220 V/36 V、5 A	处	1	
3	三相电动机	YD112M-4，4 kW、380 V、△形接法；或自定	台	1	
4	配线板	500 mm×600 mm×20 mm	块	1	
5	组合开关	HZ10-25/3	个	1	
6	交流接触器	CJ10-10，线圈电压 380 V	只	4	
7	中间继电器	JZ7-44A，线圈电压 380 V	只	1	
8	热继电器	JR16-20/3，整定电流 10~16 A	只	2	
9	时间继电器	JS7-4A，线圈电压 380 V	只	1	
10	整流二极管	2CZ30，15 A、600 V	只	4	
11	控制变压器	BK-500，380 V/36 V、500 W	只	1	
12	熔断器及熔芯	RL1-60/20 A	套	3	
13	熔断器及熔芯	RL1-15/4 A	套	2	
14	三联按钮	LA10-3H 或 LA4-3H	个	1	
15	接线端子排	JX2-1015，500 V、10 A、15 节；或自定	条	2	
16	木螺钉、平垫圈	ϕ3 mm×20 mm，ϕ3 mm×15 mm，平垫圈 ϕ4 mm	个	30	
17	圆珠笔	自定	支	1	
18	塑料硬铜线	BVR-2.5 mm²/BVR-1.5 mm²，颜色自定	m	20/30	
19	塑料软铜线	BVR-0.75 mm²，颜色自定	m	5	
20	别径压端子	UT2.5-4，UT1-4	个	20	
21	走线槽	TC3025，长 34 mm，两边打孔 ϕ3.5 mm	条	5	
22	异型塑料管	ϕ3 mm，或自定编码管	m	0.2	
23	通用电工工具	验电笔、钢丝钳、一字形和十字形旋具、电工刀、尖嘴钳、活扳手、剥线钳等	套	1	
24	通用电工仪表	万用表、兆欧表、钳形电流表；型号自定	块	各1	
25	劳保用品	绝缘鞋、工作服等	套	1	

五、配分与评分标准

配分与评分标准见表 3—4。

表 3—4   配分与评分标准

序号	考核内容	评分标准	配分	扣分	得分
1	元件安装	1. 元件安装不整齐、不匀称、不合理，每只扣 1 分 2. 元件安装不牢固，安装元件时漏装螺钉，每只扣 1 分 3. 损坏元件，每只扣 2 分	5		
2	布线	1. 电动机运行正常，如不按电气原理图接线，扣 1 分 2. 布线不进走线槽，不美观，主电路、控制电路每根扣 0.5 分 3. 接点松动、露铜过长、反圈、压绝缘层，标记线号不清楚、遗漏或误标，引出端无别径端子每处扣 0.5 分 4. 损伤导线绝缘或线芯，每根扣 2 分	15		
3	通电试验	1. 时间继电器及热继电器整定值错误各扣 2 分 2. 主电路、控制电路配错熔体，每个扣 1 分 3. 一次试运行不成功扣 5 分；二次试运行不成功扣 10 分；三次试运行不成功扣 15 分；乱线敷设，扣 5 分	20		
备注			合计		
			考评员签字	年 月 日	

【试题 2】 操作解析

一、操作步骤描述

操作步骤：电气元件检查→阅读电路图→元器件摆放→元器件固定→布线→检查线路→空载试运行→带负载试运行→断开电源，整理考场。

二、操作步骤解析

操作步骤和内容

1. 电气元件检查
检查电路图、配电板、导线、各种元器件、三相电动机是否备齐，所用电气元件的外观应完整无损、合格。
特别提示：重点检查电路图、配电板、导线和各种元器件是否齐全。

2. 阅读电路图
为保证接线准确，读图时要对电路图进行标号。
特别提示：本电路时间继电器为断电延时型，电路由桥式整流、能耗制动、Y－△降压启动等部分组成。
启动时合上电源开关 QS，按下启动按钮 SB2，接触器 KM3、KT 线圈得电，KM3 常开触头闭合，接触器 KM1 得电，KM1、KM3 主触头闭合，电动机 M 接成 Y 形联结启动。经过一定延时 KT 延时常开触头延时断开，KM3 线圈断电释放，KM2 线圈得电主触头闭合，电动机 M 接成△形联结运行。
停止能耗制动时，按下停止按钮 SB1，KM1 线圈断电释放，KM1 主触头断开，电动机 M 断电惯性运行；KM3、KM4 线圈得电主触头闭合，电动机 M 以 Y 形联结进行全波整流能耗制动。

操作步骤和内容

3. 元器件摆放

首先确定交流接触器位置，进行水平放置，然后逐步确定其他元器件。元器件布置要整齐、匀称、合理。

特别提示：确定元器件安装位置时，应做到既方便安装和布线，又要考虑便于检修。

4. 元器件固定

用划针确定位置，再进行元器件安装固定。元器件要先对角固定，不能一次拧紧，待螺钉上齐后再逐个拧紧。

特别提示：固定时用力不要过猛，不能损坏元件。

5. 布线

（1）按电路图的要求，确定走线方向并进行布线。可先布主电路线，也可先布控制回路线。

（2）截取长度合适的导线，弯成合适的形状，选择适当剥线钳口进行剥线。

（3）主回路和控制回路的线号套管必须齐全，每一根导线的两端都必须套上编码套管。标号要写清楚，不能漏标、误标。

（4）接线不能松动、露出铜线不能过长、不能压绝缘层，从一个接线桩到另一个接线桩的导线必须是连续的，中间不能有接头，不得损伤导线绝缘及线芯。

（5）各电气元件与导线，应尽可能做到横平竖直，变换走向要垂直。

特别提示：确定的走线方向应合理。剥线后弯圈要顺螺纹的方向。一般一个接线端子只能连接 1 根导线，最多接 2 根，不允许接 3 根。

6. 检查线路

按电路图从电源端开始，逐段核对接线及接线端子处线号。用万用表检查线路的通断，检查主电路、控制电路熔体，检查热继电器、时间继电器整定值。用万用表检查线路，可先断开控制回路，用欧姆挡检查主回路有无短路现象。然后断开主回路再检查控制回路有无开路或短路现象。用 500 V 兆欧表检查线路的绝缘电阻，不应小于 0.5 MΩ。

特别提示：布线的同时要不断检查是否按线路图的要求进行布线。重点检查主回路有无漏接、错接及控制回路中容易接错之处。检查导线压接是否牢固，接触是否良好，以免带负载运行时产生打弧现象。主电路、控制电路熔体选择要正确，热继电器和时间继电器整定值要合适。

7. 空载试运行

自检以后进行空载运行。空载试运行时接通三相电源，合上电源开关，用试电笔检查熔断器出线端，氖管亮表示电源接通。按动启动按钮，观察接触器动作是否正常，经反复几次操作，正常后方可进行带负载试运行。

特别提示：安装完毕的控制线路板，必须经同意后才能通电试运行。在通电试运行时，应认真执行安全操作规程的有关规定，一人监护，一人操作。

8. 带负载试运行

空载试运行正常后进行带负载试运行。带负载试运行时，拉下电源开关，检查电动机接线无误后，再合闸送电。

启动电动机时，当电动机平稳运行后，用钳形电流表测量三相电流是否平衡。

9. 断开电源，整理考场

带负载试运行正常，经同意后应断开电源，整理考场。

特别提示：通电试运行完毕，停转、断开电源。先拆除三相电源线，再拆除电动机线，整理考场。

鉴定范围2　可编程控制器控制电路的安装与调试

【试题3】 安装和调试 PLC 控制电动机 Y－△自动降压启动电路

一、电路原理图

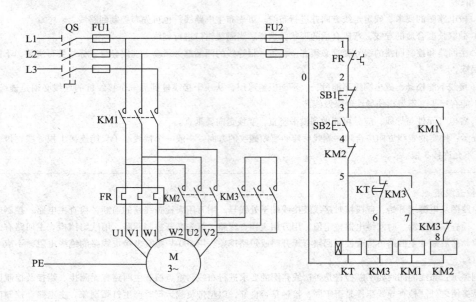

图3—3　Y－△自动降压启动继电器控制线路图

二、考核要求

1. 电路设计：根据给出的图3—3中的主电路图，以 Y－△自动降压启动继电器控制线路的控制要求，列出 PLC 控制的 I/O 地址分配表和画出 PLC 控制系统原理图、程序控制梯形图或指令表。

2. 安装与接线：按照画出的 PLC 控制系统原理图，在 PLC 考核电路板上，进行可编程序控制器控制电路的安装与接线，元件布置和安装要合理、准确、紧固，配线导线要美观、紧固，导线要进走线槽、并有端子标号，引出端要用别径压端子。

3. 程序输入与调试：熟练操作 PLC 编程器，能正确地将所编程序输入 PLC，按照被控制设备的动作要求进行模拟调试，达到控制任务的要求。

4. 正确使用电工工具及万用表进行仔细检查，在保证人身和设备安全的前提下，通电试验应一次成功。

5. 安全文明操作。

三、配分与考核时间

满分 40 分，考核时间 120 min。

四、设备及设施准备

表 3—5 设备及设施准备

序号	名称	型号与规格	单位	数量	备注
1	三相四线电源	~3×380 V/220 V、20 A	处	1	
2	可编程序控制器	FX$_{2N}$－48MR	套	1	
3	PLC 编程器	FX$_{2N}$－20P，或自定编程软件和计算机	套	1	
4	配线板	500 mm×600 mm×20 mm	块	1	
5	组合开关	HZ10－25/3	个	1	
6	交流接触器	CJ10－10，线圈电压 380 V/220 V	只	3	
7	热继电器	JR16－20/3，整定电流 10～16 A	只	1	
8	熔断器及熔芯	RL1－60/20 A	套	3	
9	熔断器及熔芯	RL1－15/4 A	套	2	
10	三联按钮	LA10－3H 或 LA4－3H	个	1	
11	接线端子排	JX2－1015，500 V、10 A、15 节；或自定	条	2	
12	木螺钉、平垫圈	ϕ3 mm×20 mm，ϕ3 mm×15 mm，平垫圈 ϕ4 mm	个	30	
13	塑料软铜线	BVR－2.5 mm^2，颜色自定	m	20	
14	塑料软铜线	BVR－1.5 mm^2，颜色自定	m	20	
15	塑料软铜线	BVR－0.75 mm^2，颜色自定	m	5	
16	别径压端子	UT2.5－4，UT1－4	个	20	
17	走线槽	TC3025，长 34 mm，两边打孔 ϕ3.5 mm	条	5	
18	异型塑料管	ϕ3 mm，或自定编码管	m	0.2	
19	通用电工工具	验电笔、钢丝钳、一字形和十字形旋具、电工刀、尖嘴钳、活扳手、剥线钳等	套	1	
20	通用电工仪表	万用表、兆欧表、钳形电流表；型号自定	块	各 1	
21	圆珠笔	自定	支	1	
22	演稿纸	自定	张	2	
23	绘图纸	自定	张	2	
24	绘图工具	自定	套	1	
25	劳保用品	绝缘鞋、工作服等	套	1	

五、配分与评分标准

表 3—6 配分与评分标准

序号	考核内容	评分标准	配分	扣分	得分
1	电路设计	1. 电路控制原理设计不全或设计有错，每处扣 2 分 2. I/O 地址分配表不全或有错，每处扣 1 分 3. PLC 控制系统原理图、程序控制梯形图或指令表不正确或不规范，每处扣 2 分	15		
2	安装与接线	1. 不按 PLC 控制系统原理图接线，扣 10 分，接线不正确，每处扣 5 分 2. 布线不进走线槽，不美观，主电路、控制电路每根扣 1 分 3. 接点松动、露铜过长、反圈、压绝缘层，标记线号不清楚、遗漏或误标，引出端无别径端子每处扣 1 分 4. 损伤导线绝缘或线芯，每根扣 2 分	10		
3	程序输入与调试	1. PLC 编程器操作不熟练，不会删除、插入、修改、监测和测试指令等，扣 5 分 2. 不会按照被控制设备的动作要求进行模拟调试，扣 5 分 3. 调试不按被控制设备的动作进行或达不到控制任务的设计要求，每项扣 5 分	15		
备注			合计		
			考评员签字		年 月 日

【试题3】 操作解析

一、操作步骤描述

操作步骤：理解考核要求和检查元器件→分析任务控制要求→列出 PLC 的 I/O 地址分配表→画出 PLC 控制系统原理图→编写程序梯形图或指令表→确定电气控制板布局→元器件固定→布线→检查线路→程序输入→空载试运行→带负载试运行→断开电源，整理考场。

二、操作步骤解析

操作步骤和内容

1. 理解考核要求和检查元器件

认真阅读和理解考题的考核要求，检查工具、仪表、器材是否备齐，所用元器件是否合格，要符合考试要求。

特别提示：考生应重点检查电路图、配线板、走线槽、导线及各种元器件是否齐全。检查所用元器件的外观是否完整无损，附件、备件齐全，所用元器件要合格。

操作步骤和内容

2. 分析任务控制要求

根据考题给出任务的控制要求，对被控对象的控制过程、控制规律、功能和特性进行详细的分解和分析。

根据 Y-△ 自动降压启动控制要求。电动机启动时，按下启动按钮 SB2，主电路的 KM1 和 KM3 闭合，电动机做 Y 形联结实现降压启动；启动后延时一段时间，主电路的 KM1 和 KM2 闭合（KM3 断开，解除 Y 形联结），电动机自动转换为△形联结实现全压运行。电动机停止时，按下停止按钮 SB1，或过载时 FR 触点动作，主电路的 KM1 和 KM2 断开，电动机停止转动。

特别提示：考生应考虑避免电路中 KM3 尚未释放时 KM2 就吸合而造成电源短路故障现象，在 KM3 与 KM2 回路之间加上互锁触点，保证 KM3 释放后 KM2 才吸合的联锁作用。

3. 列出 PLC 的 I/O 地址分配表

根据 Y-△ 自动降压启动控制要求。确定 PLC 程序控制所需的输入和输出元器件，并对各元器件与 PLC 对应的 I/O 地址进行编号，列出 PLC 的 I/O 地址分配表。

电动机 Y-△ 自动降压启动 PLC 控制 I/O 地址分配表

输入			输出		
元件代号	作用	输入继电器	元件代号	作用	输出继电器
SB2	启动按钮	X0	KM1	接通电源	Y0
SB1	停止按钮	X1	KM2	△形联结	Y1
FR	过载保护	X2	KM3	Y 形联结	Y2

特别提示：电路中延时式的时间继电器 KT，在 PLC 控制系统中可用 PLC 内部的软元件逻辑定时器 T 实现。

4. 画出 PLC 控制系统原理图

PLC 控制系统原理图包括主电路和控制电路。为了保证系统的可靠性，手动和急停控制一般可以不进入 PLC 的程序控制电路。

按列出的 PLC 控制 I/O 地址分配表的规定，将输入信号和输出负载的元器件接在规定地址的 PLC 输入和输出端子上。

输入回路一般由 PLC 内部提供电源，输出回路根据负载额定电压和额定电流外接所需电源。输出回路需要注意每个输出继电器的触点容量及公共端 COM 的容量，并要加熔断器保护，以免负载短路损坏 PLC。下面提供的电动机 Y-△ 自动降压启动 PLC 控制系统原理图作为参考。

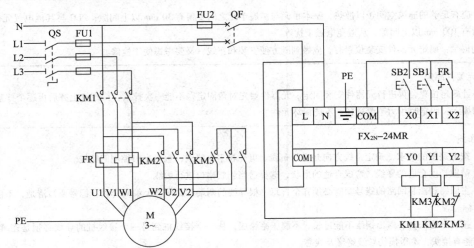

操作步骤和内容

特别提示：所设计的电路要满足机械设备对电气控制线路的功能和保护要求。在满足工艺要求的前提下，力求使控制线路简单、合理、正确和安全，操作和维修方便。为了保证输出触点的安全和防止干扰，当执行元件为感性负载时，交流负载线圈两端应加入浪涌吸收回路，如阻容电路或压敏电阻。对重要的互锁，如电动机正反转、热继电器等，需要在外电路中用硬接线再联锁。

5. 编写程序梯形图或指令表

编写程序梯形图或指令表是 PLC 程序控制设计工作的核心部分，根据考题给出任务的控制要求，对被控对象的控制过程、控制规律、功能和特性，用基本指令采用经验设计方法编写程序。

梯形图按由上至下、从左到右的顺序来绘制，每个继电器为一个逻辑行，即一层阶梯。每一逻辑行起于左母线，终于右母线。继电器线圈与右母线直接连接，不能在继电器线圈与右母线之间接入其他元件。

在梯形图中，同一个继电器的常开和常闭触点使用次数不受限制。

画出了全部的梯形图之后，应进行最后的简化和整理。下面提供的电动机 Y - △ 自动降压启动 PLC 控制程序梯形图作为参考。

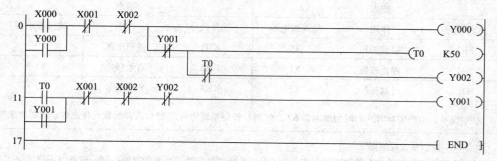

特别提示：编写程序过程中，需要及时对编出的程序进行注释，应一边编写一边注释，以免忘记其间的相互关系。注释包括程序的功能、逻辑关系、说明、设计思想、信号的来源和去向，以便于阅读和调试。

6. 确定电气控制板布局

首先确定 PLC、交流接触器位置，进行水平放置，然后逐步确定其他元器件。元器件布置要整齐、匀称、合理。

PLC 应有足够的通风空间予以散热，基本单元与扩展单元之间要留有 30 mm 以上间隙；PLC 与其他电气元件之间要留有 100 mm 以上间隙，从避免电磁干扰等。

特别提示：确定元器件安装位置时，应做到既方便安装和布线，又要考虑便于检修。

7. 元器件固定

用划针确定位置，再进行元器件安装固定。元器件要先对角固定，不能一次拧紧，待螺钉上齐后再逐个拧紧。

特别提示：固定时用力不要过猛，不能损坏元件。

8. 布线

（1）按电路图的要求，确定走线方向并进行布线。可先布主电路线，也可先布控制回路线。

（2）截取长度合适的导线，弯成合适的形状，选择适当剥线钳口进行剥线。

（3）主回路和控制回路的线号套管必须齐全，每一根导线的两端都必须套上编码套管。标号要写清楚，不能漏标、误标。

（4）接线不能松动、露出铜线不能过长、不能压绝缘层，从一个接线桩到另一个接线桩的导线必须是连续的，中间不能有接头，不得损伤导线绝缘及线芯。

操作步骤和内容

（5）各电器元件与导线，应尽可能做到横平竖直，变换走向要垂直。

（6）各种类型的电源线、控制线、信号线、输入线和输出线都应各自分开。PLC 最好使用专用接地线，或与其他设备采用公共接地，绝不允许与其他设备串联接地。

特别提示：PLC 的输入 COM 端和输出 COM 端切不可相接在一起。PLC 的输出 COM 端一般采用公共输出形式，即几个输出端子构成 1 组（通常 4 个为 1 组），共用 1 个 COM 端，内部并联在一起。不同组可以采用不同的电源，同一组中必须采用同一电源。确定的走线方向应合理，剥线后弯圈要顺螺纹的方向。一般一个接线端子只能连接 1 根导线，最多接 2 根，不允许接 3 根。装线时不要超过走线槽容量的 70%，以便于方便地盖上走线槽盖，以及今后的装配和维修。

9. 检查线路

按电路图从电源端开始，逐段核对接线及接线端子处线号。用万用表检查线路的通断，检查主电路、控制电路熔体，检查热继电器整定值。用万用表检查线路，可先断开控制回路，用欧姆挡检查主回路有无短路现象。然后断开主回路再检查控制回路有无开路或短路现象。用 500 V 兆欧表检查线路的绝缘电阻，不应小于 0.5 MΩ。

特别提示：布线的同时要不断检查是否按线路图的要求进行布线。重点检查主回路有无漏接、错接及控制回路中容易接错之处。检查导线压接是否牢固，接触是否良好，以免带负载运行时产生打弧现象。主电路、控制电路熔体选择要正确，热继电器整定值要合适。

10. 程序输入

利用 FXGPWIN. EXE 或 GX – Developer 编程软件，打开设计好的电动机 Y – △降压启动 PLC 控制程序输入到 PLC 中，进行编辑和检查。

特别提示：发现问题，立即修改和调整程序，直到满足工艺流程或状态流程图的要求。

11. 空载试运行

调试好的程序传送到现场使用的 PLC 存储器中，自检以后进行空载运行，只带上接触器线圈、信号灯等进行调试。

合上电源开关后，用试电笔检查熔断器出线端，氖管亮表示电源接通。依次按动启动按钮和停止按钮，观察接触器动作是否正常，经反复几次操作，正常后方可进行带负载试运行。

若不符合要求，则需要对硬件和程序修改调整，通常只需修改部分程序达到调整目的为止。

特别提示：安装完毕的控制线路板，必须经同意后才能通电试运行。在通电试运行时，应认真执行安全操作规程的有关规定，一人监护，一人操作。

12. 带负载试运行

空载试运行正常后进行带负载试运行。带负载运行时，拉下电源开关，检查电动机接线无误后，再合闸送电。

启动电动机时，当电动机平稳运行后，用钳形电流表测量三相电流是否平衡。

特别提示：注意观察启动时电流的变化及拖动系统在升速过程中运行是否平衡，停止时是否正常。

13. 断开电源，整理考场

带负载试运行正常，经考评员同意后应断开电源，整理考场。

特别提示：通电试运行完毕，停转、断开电源。先拆除三相电源线，再拆除电动机线，整理考场。

鉴定范围3 电子线路的安装与调试

【试题4】 安装和调试串联稳压电源电路

一、电路原理图

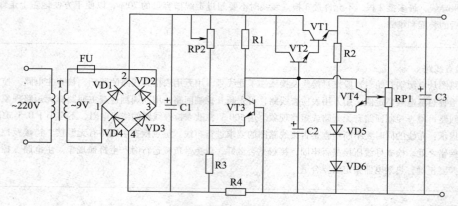

图3—4 串联稳压电源电路原理图

二、考核要求

1. 装接前应先检查电子元器件的好坏，核对元件数量和规格，如在调试中发现元器件损坏，则按损坏元器件扣分。

2. 在规定时间内，按图纸的要求进行正确熟练地安装，正确连接仪表与仪器，能正确进行调试。

3. 正确使用工具和仪表，装接质量要可靠，装接技术要符合工艺要求。

4. 安全文明操作。

三、配分与考核时间

满分40分，考核时间120 min。

四、设备及设施准备

1. 工具：电烙铁、验电笔、旋具、尖嘴钳、平嘴钳、斜口钳、镊子、剥线钳、小刀、锥子和针头等。

2. 仪表：MF47型万用表，或自定。

3. 器材：三联或二联万能印制线路板（600 mm×70 mm×2 mm）；单股镀锌铜线AV0.1 mm²（红色）；多股镀锌铜线AV0.1 mm²（白色）；松香和焊锡丝等，其数量按需要而定。电子元器件见表3—7。

表 3—7　　　　　　　　　　　　电子元件明细表

序号	代号	名称	型号与规格	数量	备注
1	VD1 ~ VD4	二极管	IN4001	4	
2	VD5 ~ VD6	二极管	IN4148	2	
3	VT1 ~ VT2	三极管	9013	2	
4	VT3	三极管	9011	1	
5	VT4	三极管	9013	1	
6	R1	电阻	RJ21、2 kΩ、1/8 W	1	
7	R2	电阻	RJ21、680 kΩ、1/8 W	1	
8	R3	电阻	RJ21、160 kΩ、1/8 W	1	
9	R4	电阻	RJ21、3 Ω、1/8 W	1	
10	RP1	微调电位器	RJ21、1 kΩ	1	
11	RP2	微调电位器	RJ21、10 kΩ	1	
12	C1	电解电容器	CD11、470 μF/16 V	1	
13	C2	电解电容器	CD11、47 μF/16 V	1	
14	C3	电解电容器	CD11、100 μF/16 V	1	
15	T	电源变压器	220 V/9 V	1	
16	FU	熔断器（带座）	0.5 A	1	

五、配分与评分标准

配分与评分标准见表 3—8。

表 3—8　　　　　　　　　　　　配分与评分标准

序号	考核内容	评分标准	配分	扣分	得分
1	按图焊接	1. 布局不合理扣 1 分 2. 焊点粗糙、拉尖，有焊接残渣，每处扣 1 分 3. 元件虚焊、气孔、漏焊、松动，损坏元件，每处扣 1 分 4. 引线过长，焊剂不擦干净，每处扣 1 分 5. 元器件的标称值不直观，安装高度不合要求扣 1 分 6. 工具、仪表使用不正确，每次扣 1 分 7. 焊接时损坏元件，每只扣 2 分	20		
2	通电试验	1. 通电调试一次不成功扣 5 分；二次不成功扣 10 分；三次不成功扣 15 分 2. 调试过程中损坏元件，每只扣 2 分	20		
备注		合计			
		考评员签字			
			年　月　日		

【试题4】 操作解析

一、操作步骤描述

操作步骤：简单分析电路原理→测量变压器→测量电阻和微调电位器→测量电容→测量二极管→测量三极管→焊接电阻和微调电位器→焊接电容→焊接二极管→焊接三极管→焊接连接线→不带保护电路的调试→带保护电路的调试→清扫现场。

二、操作步骤解析

操作步骤和内容

1. 简单分析电路原理

电源变压器 T 的二次低压交流电，经过整流二极管 VD1 ~ VD4 整流，电容器 C1 滤波，变为直流电，输送到由复合调整管 VT1、VT2、比较放大管 VT4 及起稳压作用的硅二极管 VT5、VT6 和取样微调电位器 RP1 等组成的稳压电路。三极管集电极与发射极之间的电压降称为管压降。复合管上的管压降是可变的，当输出电压有减小的趋势时，管压降会自动地变小；有增大趋势时则相反，从而维持输出电压不变。复合管的管压降是由比较放大管来控制的，输出电压经过微调电位器 RP1 分压，输出电压的一部分加到 VT4 的基极和地之间。由于 VT4 的发射极对地电压是通过二极管 VD5、VD6 稳定的，可以认为其不变，这个电压称为基准电压。这样 VT4 基极电压的变化就反映了输出电压的变化。此变化反应到 VT4 的集电极，直接去控制复合管的基极，使复合管的管压降到发生相应的变化，从而使输出电压保持稳定。

2. 测量变压器

检查变压器标称值与电路图标称值是否一致，电压值应为 220 V/9 V。

将万用表转换开关置于 R×10 Ω 挡，测量一次绕组电阻值与二次绕组电阻值。如果电阻值比较小，则变压器是好的，反之变压器是坏的。

3. 测量电阻和微调电位器

检查 R1 电阻标称值与电路图标称值一致，阻值应为 2 kΩ、1/8 W。

万用表粗测量 R1 电阻值与电路图标称值一致，阻值应为 2 kΩ、1/8 W。

将应放置电阻 R1 位置上标出电阻数值。

同理测量其他电阻。

特别提示：电阻的功率应与电路图标称一致。否则电路工作时，电阻可能烧坏。用万用表测量电阻时，指针的读数最好在表盘的 2/3 处。此时读数准确。

4. 测量电容

检查 C1 电解电容器标称值与电路图标称值一致。电容器标称值为 470 μF/16 V。

将电解电容器 C1 短路一下。

将万用表转换开关放置于 R×1 kΩ 挡，将万用表的两支表笔接在电解电容两端。如果万用表的表针立即向右摆过一个明显的角度，然后表针又慢慢向左摆回原点，则电解电容器是好电容；反之电解电容器是坏电容。

在应放置电解电容器 C1 的位置上标出电解电容器容量值（470 μF）和耐压值（16 V）。

同理测量其他电解电容器。

特别提示：电解电容器测量前，一定要短路。否则测量时出错。

120

操作步骤和内容

5. 测量二极管

检查二极管 VD1 标称型号与电路图标称型号一致，型号为 1N4001。

把万用表转换开关放置于 R×100 Ω 挡或 R×1 kΩ 挡，测量二极管 VD1 正反向电阻。如果测量二极管的正向电阻几百欧；反向电阻几百千欧，则二极管是好二极管，反之二极管是坏二极管。

将应放置二极管位置上标出二极管的符号和型号（VD1、1N4001）。

同理测量其他二极管。

特别提示：一般常用万用表中，黑色笔对应万用表内部电源正极（＋）；红表笔对应万用表内部电源负极（－）。二极管正反向电阻差值越大，二极管的质量越好。

6. 测量三极管

检查三极管 VT1 标称型号与电路图标称型号一致，型号为 9013。

把万用表转换开关放置于 R×100 Ω 挡或 R×1 kΩ 挡，测量三极管 b－e，b－c，c－e 正反向电阻，对于三极管 9013，b－e，b－c，c－e 正向电阻小、反向电阻大；则三极管是好三极管，反之是坏三极管。

将应放置三极管位置上标出三极管的符号和型号（VT1、9013）。

同理测量其他三极管。

特别提示：一般常用万用表中，黑色笔对应万用表内部电源正极（＋）；红表笔对应万用表内部电源负极（－）。9013 三极管是 NPN 型。

7. 焊接电阻和微调电位器

依据电路图设计确定电阻 R1 安装的位置，采用卧式安装。

将电阻 R1 引脚垫在木块上，用电工刀慢慢刮去电阻 R1 引脚上的氧化膜，然后用加热好的电烙铁对电阻 R1 引脚进行烫锡。

将电阻 R1 引脚整形，插入预先设定好的印制板孔中，电阻引脚应贴紧印制板。

焊接电阻引脚。其步骤为：准备→加热→送丝→去丝→移开电烙铁。

同理焊接其他电阻。

特别提示：电阻引脚整形时，不要从电阻引线根部弯折，应适当离开根部，同时用工具夹住引线进行弯折，以免损坏电阻。电阻安装方式有立式和卧式两种。对于一个电路最好选一种安装方式，不要立式和卧式混装。电阻引线的跨度优先选择电子器件长度的 2.5 倍。

8. 焊接电容器

依据电路图设计确定电解电容器 C1 安装的位置，采用立式安装。

将电解电容器 C1 引脚垫在木块上，用电工刀慢慢刮去电解电容器 C1 上的氧化膜，然后用加热好的电烙铁对电解电容器 C1 引脚进行烫锡。

将电解电容器 C1 插入预先设定好的印制板孔中，电解电容器引脚应贴紧印制板。

焊接电解电容器引脚，其步骤与焊接电阻相同。

同理焊接其他电解电容器。

特别提示：电解电容器有正负极之分，焊接时弄错，将会使电路不能正常工作。电解电容器底面离印制电路板最高不能大于 4 mm。

9. 焊接二极管

依据电路图设计确定二极管 VD1（1N4001）安装的位置，采用卧式安装。

把万用表转换开关放置于 R×100 Ω 挡或 R×1 kΩ 挡，将万用表的两个表笔放置在二极管的两个引脚上。如果测量二极管的电阻为几百欧，则黑色表笔端为二极管的正极；如果测量二极管的电阻为几百千欧，则红色表笔端为二极管的负极。

将二极管 VD1 引脚整形，插入预先设定好的印制板孔中，使二极管引脚应贴紧印制板。

操作步骤和内容

焊接二极管引脚，其步骤为：准备→加热→送丝→去丝→移开电烙铁。

同理焊接其他二极管。

特别提示：焊接二极管时间要短，控制在 2 ~ 4 s，以防烧坏二极管。

---

10. 焊接三极管

依据电路图设计确定三极管 VT1（9013）安装的位置，采用立式安装。

确定三极管 b、e、c 的位置。

将三极管 VT1 引脚插入预先设定好的印制电路板孔中。

焊接三极管引脚，其步骤同二极管焊接相同。

同理焊接其他三极管。

特别提示：三极管底面离印制电路板距离应为（5±1）mm。焊接三极管时间要短，控制在 2 ~ 4 s 内，以防烧坏三极管。

---

11. 焊接连接线

依据电路图，从电源开始确定所焊接的连接线。

用电工工具剥去连接线两端的绝缘层。

将连接线两端插入印制电路板的孔中，用电阻焊接方法进行焊接。

---

12. 不带保护电路的调试

切断保护电路，即三极管 VT3 基极与接地端连线。

根据电路图或接线图，逐步逐段校对不带保护电路中电子元器件的技术参数与电路图标称值是否一致；逐步逐段校对连接导线是否连接正确，检查焊点质量。

接通电源，将万用表拨至直流电压挡，测量 C3 两端电压，调节 RP1，使电压在 3 ~ 6 V 之间变化；调整输出电压为 3 V，接上 30 Ω 负载电阻；断开电源。

特别提示：一定要切断保护电路，以免调整电路时保护电路误动作。观察负载电阻接入前、后输出电压的变化，其值应小于 0.5 V。

---

13. 带保护电路的调试

接上保护电路。

根据电路图或接线图，逐步逐段校对保护电路中电子元器件的技术参数与电路图标称值是否一致；逐步逐段校对连接导线是否连接正确，检查焊点质量。

用万用表电压挡测量 R3 端电压，改变微调电阻器 RP2，使万用表读数为 0.2 V 左右，这时电源输出电流将被限制在 300 mA 以内。

接通电源，使电源处于超载状态，检查保护电路的动作情况。如果电流超出额定值，保护电路还不动作，可加大 RP2 电阻值；而当输出电流很小时，保护电路动作，则可减小 RP2 电阻值，使 VT3 发射极电位适当高一些。

断开电源，整个电路调试完毕。

特别提示：保护电路动作的电流规定为输出电流的 2 ~ 3 倍。调整时，不能让电源长时间处于超载状态，否则可造成调试管的损坏。

---

14. 清扫现场

将桌面上的线头、焊锡丝等杂物收拾起来，擦干净桌面。

将地面清扫干净。

将电工工具、仪表和工件整齐摆放在桌面。

特别提示：经考评员同意后，方可离开。

【试题5】 安装和调试单相可控调压电路

一、电路原理图

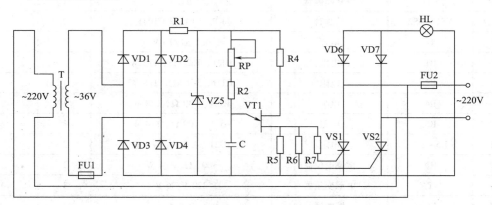

图3—5 单相可控调压电路原理图

二、考核要求

1. 装接前应先检查电子元器件的好坏，核对元件数量和规格，如在调试中发现元件损坏，则按损坏元件扣分。

2. 在规定时间内，按图纸的要求进行正确熟练地安装，正确连接仪表与仪器，能正确进行调试。

3. 正确使用工具和仪表，装接质量要可靠，装接技术要符合工艺要求。

4. 安全文明操作。

三、配分与考核时间

满分40分，考核时间120 min。

四、设备及设施准备

1. 工具：电烙铁、验电笔、旋具、尖嘴钳、平嘴钳、斜口钳、镊子、剥线钳、小刀、锥子和针头等。

2. 仪表：MF47型万用表，示波器；或自定。

3. 器材：三联或二联万能印制线路板（600 mm×70 mm×2 mm）；单股镀锌铜线 AV0.1 mm²（红色）；多股镀锌铜线 AV0.1 mm²（白色）；松香和焊锡丝等，其数量按需要而定。电子元器件见表3—9。

表3—9　　　　　　　　　　　　　电子元件明细表

序号	代号	名称	型号与规格	数量	备注
1	VD1 ~ VD4	二极管	2CP12 或 IN4007	4	
2	VD6 ~ VD7	二极管	2CZ11D 或 IN4007	2	
3	VZ5	稳压二极管	2CW64 或者 CW22K，18 ~ 21 V	1	

序号	代号	名称	型号与规格	数量	备注
4	VT1	单结晶体管	BT33	1	
5	VS1～VS2	晶闸管	KP1－4 或是 CT041	2	
6	C	电容	0.1 μF/16 V	1	
7	R1	电阻	RJ21、1.2 kΩ、1/2 W	1	
8	R2	电阻	RJ21、5.1 kΩ、1/8 W	1	
9	R4	电阻	RJ21、330 Ω、1/8 W	1	
10	R5	电阻	RJ21、100 Ω、1/8 W	1	
11	R6～R7	电阻	RJ21、4.7 kΩ、1/8 W	2	
12	RP	微调电位器	100 kΩ、1/4 W	1	
13	T	电源变压器	220 V/36 V	1	
14	FU	熔断器	0.5 A	1	
15	HL	灯泡	220 V、25 W	1	

五、配分与评分标准

配分与评分标准见表3—10

表3—10 　　　　　　　　　　配分与评分标准

序号	考核内容	评分标准	配分	扣分	得分
1	按图焊接	1. 布局不合理扣1分 2. 焊点粗糙、拉尖，有焊接残渣，每处扣1分 3. 元件虚焊、气孔、漏焊、松动，损坏元件，每处扣1分 4. 引线过长，焊剂不擦干净，每处扣1分 5. 元器件的标称值不直观，安装高度不合要求扣1分 6. 工具、仪表使用不正确，每次扣1分 7. 焊接时损坏元件，每只扣2分	20		
2	通电试验	1. 通电调试一次不成功扣5分；二次不成功扣10分；三次不成功扣15分 2. 调试过程中损坏元件，每只扣2分	20		
备注		合计			
		考评员签字			年 月 日

【试题5】 操作解析

一、操作步骤描述

操作步骤：简单分析电路原理→测量变压器→测量电阻和微调电位器→测量二极管和稳压管→测量单结晶体管→测量晶闸管→焊接电阻和微调电位器→焊接单结晶体管→

焊接晶闸管→焊接连接线→焊接熔断器管座、灯泡和变压器→不带保护电路的调试→带
保护电路的调试→清扫现场。

二、操作步骤解析

操作步骤和内容

1. 简单分析电路原理

主电路部分有二极管 VD6、VD7，晶闸管 VS1、VS2 构成单相半控桥式整流电路，其输出的直流可调电压作为
灯泡 HL 的电源，改变 VS1、VS2 控制极脉冲电压的相位，即改变 VS1、VS2 控制角的大小，便可以改变输出直流
电压的大小，进而改变灯泡 HL 的亮度。

控制电路部分有 VT1、R2、R4、R5、RP、C 组成单结晶体管的张弛振荡电路，在接通电源前，电容上电压为
零；接通电源后，电容经过 RP、R2 充电使电压 Uc 逐渐升高。当 Uc 达到峰点电压时，e-b 间变成导通，电容上
电压经 e-b 向电阻 R5 放电，在 R5 上输出一个脉冲电压。RP、R2 的电阻值较大，当电容上的电压降到谷点电压
时，经过 RP、R2 供给的电流小于谷点电流，不能满足导通要求，于是单结晶体管恢复阻断状态。此后，电容又
重新充电，重复上述过程，结果在电容上形成锯齿状电压，在 R5 上形成脉冲电压。在交流电压的每个半周期内，
单结晶体管都将输出一组脉冲，起作用的第一个脉冲去触发 VS1、VS2 的控制极，使晶闸管导通，灯泡 HL 导通
发光。改变 RP 的电阻值，可以改变电容充电的快慢，即改变锯齿波的振荡频率，从而改变晶闸管 VS1、VS2 的
导通角大小，这样可以改变输出直流电压的大小，进而改变灯泡 HL 的亮度。

2. 测量变压器

检查变压器标称值与电路图标称值是否一致，电压值应为 220 V/36 V。

将万用表转换开关置于 R×10 Ω 挡，测量一次绕组电阻值与二次绕组电阻值。如果电阻值比较小，则变压器是
好的，反之变压器是坏的。

3. 测量电阻和微调电位器

检查 R1 电阻标称值与电路图标称值一致，阻值应为 1.2 kΩ、1/8 W。

万用表粗测量 R1 电阻值与电路图标称值一致，阻值应为 1.2 kΩ、1/8 W。

将应放置电阻 R1 位置上标出电阻数值。

同理测量其他电阻、微调电位器。

特别提示：电阻的功率应与电路图标称一致。否则电路工作时，电阻可能烧坏。用万用表测量电阻时，指针的
读数最好在表盘的 2/3 处。此时读数准确。

4. 测量二极管和稳压管

检查二极管 VD1 标称型号与电路图标称型号一致，型号为 IN4007。

把万用表转换开关放于 R×100 Ω 挡或 R×1 kΩ 挡，测量二极管 VD1 正反向电阻。如果测量二极管的正向电
阻几百欧；反向电阻几千欧，则二极管是好二极管，反之二极管是坏二极管。

将应放置二极管位置上标出二极管的符号和型号（VD1、IN4007）。

同理测量其他二极管和稳压管。

特别提示：一般常用万用表中，黑色笔对应万用表内部电源正极（＋）；红表笔对应万用表内部电源负极
（－）。二极管正反向电阻差值越大，二极管的质量越好。

操作步骤和内容

5. 测量单结晶体管

将万用表置 R×100 挡，将红、黑表笔分别接单结晶体管任意两个管脚，测读其电阻；接着对调红、黑表笔，测读电阻。若第一次测得电阻小，第二次测得电阻值大，则第一次测试时黑表笔所接的管脚为 e 极，红表笔所接的管脚为 b 极，另一管脚也是 b 极。e 极对另一个 b 极的测试情况同上。若两次测得的电阻值都一样，为 2～10 kΩ，那么这两个脚都为 b 极，另一个管脚为 e 极。

由于 e 对 b1 的正向电阻比 e 对 b2 的正向电阻要稍大一些，测得 e 对两个 b 极的正向电阻值，即可区别出第一基极 b1 和第二基极 b2。

特别提示：单结晶体管的发射极 e 对第一基极 b1 和第二基极 b2 都相当于一个二极管。单结晶体管在结构上 e 靠近 b2 极。

6. 测量晶闸管

检查晶闸管标称值与电路图标称值是否一致。

将万用表转换开关置于 R×1 kΩ 挡，测量阳极与阴极之间、阳极与控制极之间的正、反电阻，正常值是很大的（几百千欧以上）。

将万用表转换开关放置于 R×10 Ω 挡或 R×1 kΩ 挡，测出控制极对阴极正向电阻，一般应为几欧至几百欧，反向电阻比正向电阻要大一些。其反向电阻不太大不能说明控制极与阴极间短路；大于几千欧时，说明控制极与阴极间断路。根据以上测量方法可以判别出阳极、阴极与控制极，即一旦测出两管脚间呈低阻状态，此时黑表笔所接为 G 极，红表笔所接为 K 极，另一端为 A 极。

将万用表转换开关放置于 R×100 Ω 挡或 R×1 kΩ 挡，黑表笔接 A 极，红表笔接 K 极，在黑表笔保持和 A 极相接的情况下，同时与 G 极接触，这样就给 G 极加上一触发电压，可看到万用表上的阻值明显变小，这说明晶闸管因触发而导通。在保持黑表笔和 A 极相接的情况下，断开与 G 极的接触，若晶闸管仍导通，则说明晶闸管是好的；若不导通，一般则是坏的。

特别提示：根据以上测量方法可以判别出阳极、阴极与控制极，即一旦测出两管脚间呈低阻状态，此时黑表笔所接为 G 极，红表笔所接为 K 极，另一端为 A 极。

7. 焊接电阻和微调电位器

依据电路图设计确定电阻 R1 安装的位置，采用卧式安装。

将电阻 R1 引脚垫在木块上，用电工刀慢慢刮去电阻 R1 引脚上的氧化膜，然后用加热好的电烙铁对电阻 R1 引脚进行烫锡。

将电阻 R1 引脚整形，插入预先设定好的印制板孔中，电阻引脚应贴紧印制板。

焊接电阻引脚。其步骤为：准备→加热→送丝→去丝→移开电烙铁。

同理焊接其他电阻、微调电位器。

特别提示：电阻引脚整形时，不要从电阻引线根部弯折，应适当离开根部，同时用工具夹住引线进行弯折，以免损坏电阻。电阻安装方式有立式和卧式两种。对于一个电路最好选一种安装方式，不要立式和卧式混装。电阻引线的跨度优先选择电子器件长度的 2.5 倍。

8. 焊接单结晶体管

依据电路图设计确定单结晶体管 VT1 安装的位置，采用立式安装。

确定单结晶体管 e、b1、b2 的位置和管脚。

将单结晶体管 VT1 引脚插入预先设定好的印制电路板孔中。

焊接单结晶体管引脚，其步骤为：准备→加热→送丝→去丝→移开电烙铁。

特别提示：单结晶体管 b1、b2 管脚一定要准确，否则将影响电路性能。

操作步骤和内容

9. 焊接晶闸管

依据电路图设计确定晶闸管 VS1 安装的位置,采用立式安装。

确定晶闸管 A、K、G 的位置和管脚。

将晶闸管 VS1 引脚插入预先设定好的印制电路板孔中。

焊接晶闸管引脚,其步骤为:准备→加热→送丝→去丝→移开电烙铁。

特别提示:焊接晶闸管时间要短,控制在 2～4 s 内,以防烧坏晶闸管。

10. 焊接连接线

依据电路图,从电源开始确定所焊接的连接线。

用电工工具剥去连接线两端的绝缘层。

将连接线两端插入印制电路板的孔中,用电阻焊接方法进行焊接。

11. 焊接熔断器管座、灯泡座和变压器

依据电路图确定所焊接熔断器座、灯泡座和变压器位置。

采用五步焊接法焊接熔断器座、灯泡座和变压器位置。

12. 不带负载电路的调试

不带负载时,根据电路图或接线图,逐步逐段校对保护电路中电子元器件的技术参数与电路图标称值是否一致;逐步逐段校对连接导线是否连接正确,检查焊点质量。

接通电源,将万用表拨至直流电压挡,测量 VD2、VD4 两端的电压,电压应为 32 V 左右;测量 VZ5 两端的电压,电压应为 18 V 左右。

将示波器调试好,测量 VZ5 两端的波形,波形应为梯形。测量 C 两端的波形,波形应为锯齿波形,调节电位器 RP 锯齿波形的频率有均匀的变化。如果不符合上述波形,要检查原因。

特别提示:使用示波器时,首先要预热,然后校对方波形。

13. 带负载电路的调试

接通电源,灯泡 HL 发亮。调节 RP 电阻值,当增大 RP 电阻值时,灯泡 HL 变暗;当减少 RP 电阻值,灯泡 HL 变亮,说明电路正常。

特别提示:调节 RP 电阻值时,一定要慢慢调节。

14. 清扫现场

将桌面上的线头、焊锡丝等杂物收拾起来,擦干净桌面。

将地面清扫干净。

将电工工具、仪表和工件整齐摆放在桌面。

特别提示:经考评员同意后,方可离开。

鉴定范围4 电力拖动控制线路的故障检修

【试题6】 断电延时带直流能耗制动 Y – △ 启动控制电路的故障检修

一、电路原理图

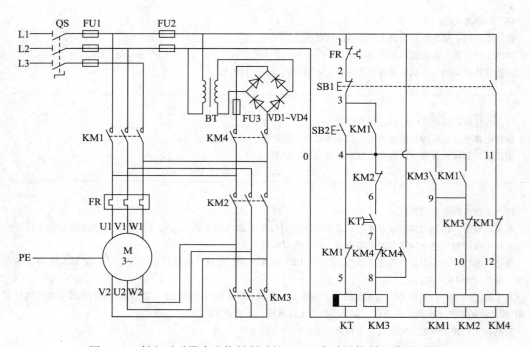

图 3—6　断电延时带直流能耗制动的 Y – △ 启动的控制电路原理图

二、考核要求

1. 从设置故障开始，监考教师不得进行提示；监考教师可以告诉考生故障现象，但考生要单独排除故障。

2. 根据故障现象，在电气线路上分析故障可能产生的原因，确定故障发生的范围。

3. 进行检修时，监考教师要进行监护，注意安全。

4. 排除故障过程中如果扩大故障，在规定时间内可以继续排除故障。

5. 正确使用工具和仪表；安全文明操作。

三、配分与考核时间

满分40分，考核时间45 min。

四、设备及设施准备

设备及设施准备见表3—11。

表3—11　　　　　　　　　　　设备及设施准备

序号	名称	型号与规格	单位	数量	备注
1	配电板	模拟断电延时带直流能耗制动的Y-△启动的控制电路配电板	块	1	
2	电路图	断电延时带直流能耗制动的Y-△启动的控制电路配套电路图	套	1	
3	故障排除所用材料	和相应的配电板配套	套	1	
4	异步电动机	YD112M-4、4 kW、380 V、△形接法；或自定	台	1	
5	三相四线电源	~3×380 V/220 V、20 A	处	1	
6	通用电工工具	验电笔、钢丝钳、一字形和十字形旋具、电工刀、尖嘴钳、活扳手、剥线钳等	套	1	
7	通用电工仪表	万用表、兆欧表、钳形电流表；型号自定	块	各1	
8	胶布	电工胶布或透明胶布	卷	1	
9	圆珠笔	自定	支	1	
10	劳保用品	绝缘鞋、工作服等	套	1	

五、配分与评分标准

配分与评分标准见表3—12。

表3—12　　　　　　　　　　　配分与评分标准

序号	考核内容	评分标准	配分	扣分	得分
1	调查研究	1. 排除故障前不进行调查研究扣1分	1		
2	故障分析	1. 标错或标不出故障范围，每个故障点扣2分	6		
		2. 不能标出最小的故障范围，每个故障点扣1分	3		
3	故障排除	1. 实际排除故障中思路不清楚，每个故障点扣2分	6		
		2. 每少查出一个故障点扣2分	6		
		3. 每少排除一个故障点扣3分	9		
		4. 排除故障方法不正确，每处扣3分	9		
4	其他	1. 扩大故障范围或产生新故障不能自行修复，每个故障点扣10分；已经修复，每个扣5分			
		2. 损坏电动机扣10分			
备注		合计			
		考评员签字		年　月　日	

【试题6】操作解析

一、操作步骤描述

操作步骤：调查研究，找出故障现象→在电气线路图上分析故障范围→用试验法进行故障分析，确定第一个故障点→用测量法检修第一个故障点，并通电试运行→用试验法进行故障分析，确定第二个故障点→用测量法检修第二个故障点，并通电试运行→用试验法进行故障分析，确定第三个故障点→用测量法检修第三个故障点，并通电试运行→整理现场，考试结束。

二、操作步骤解析

故障设置说明：在电路配电板上，设隐蔽故障 3 处，其中主回路 1 处，控制回路 2 处。例如，本次故障设置为：主回路将 KM3 主触点绝缘，控制回路 KM1 常闭触点不导通，与 KM2 线圈相连的 0 号线断开。

操作步骤和内容

---

1. 调查研究，找出故障现象

通过分析研究故障情况和故障发生后出现的异常现象，可判断出现的故障现象有。

（1）电动机不能启动、运行。

（2）电动机不能制动。

特别提示：首先要询问电路的进行状况及故障的现象。要仔细观察看线路是否有明显的外观征兆，如导线接头松动或脱落、熔断器熔体熔断、保护器扣动作、电器开关动作受阻失灵、接触器和继电器的触头接触不良或触头之间是否有绝缘物等。

---

2. 在电气线路图上分析故障范围

电动机不能启动，根据电路原理图可以得知：按下 SB2 后，如果 KT 线圈、KM3 线圈、KM1 线圈均获电吸合，在主电路的正常连接下，电动机就能 Y 形联结启动。因此，主电路、控制电路均会造成电动机不能启动这种故障现象，需要进一步观察，以确定检查范围。

特别提示：一定要非常熟悉基本电路的工作原理，故障分析思路要清晰。在电气控制线路上分析故障可能出现的原因，在线路图上标出的故障范围要正确。

---

3. 用试验法进行故障分析，确定第一个故障点

接通电源 QS 按下 SB2 后，经过观察发现 KT 线圈、KM3 线圈、KM1 线圈均获电吸合，各继电器、接触器动作顺序符合控制电路要求。电动机不能 Y 形联结启动，故障点肯定在主电路中。

特别提示：经外观检查没发现故障点时，根据故障点现象结合电路图分析故障原因，在不扩大故障范围、不损伤电气设备的前提下，可进行直接通电试验，或除去负载（从控制箱接线端子板卸下）通电试验，分清可能出现故障的部位。一般情况下先检查控制电路。控制某一个按钮时，线路中相关的接触器、继电器将按规定的动作顺序进行工作。若发现动作不符合要求，即说明该电气元件或其相关的控制电路有问题。检修时要认真核对导线的线号，以免出现误判。停电要验电，带电检查时必须有指导教师在现场监护，以确保用电安全。

---

4. 用测量法检修第一个故障点，并通电试运行

接通电源 QS，按下 SB2，经延时后，在只有 KM1 吸合的情况下，将万用表调至交流 500 V 的量程上测量电动机 U1、V1、W1 三个引接线之间的电压→均为 380 V→说明与电动机 M 引接的 U1、V1、W1 的主电路完好。

（1）断开 QS，经验电后，将万用表调至 R×1 Ω 挡的量程上，调零→测量与 KM 主触头相连的 U1→U2、V1→V2、W1→W2 的直流电阻→正常。

操作步骤和内容

（2）仍将万用表调至 R×1 Ω 挡的量程上→测量 KM3 常开主触头相连的 U2、V2、W2 号线（Y 形）连接是否完好→正常。

（3）继续用万用表的 R×1 Ω 挡的量程→测量 KM3 常开主触点→发现不能正常闭合。

（4）修复 KM3 常开主触头。

（5）通电试运行。接通电源 QS，按下 SB2 后，电动机定子绕组可以接成 Y 形启动。经过延时后，电动机又停止工作。

特别提示：对分析的故障范围进行测量检查，一定要做到全面，不能疏漏细小环节。找到电气设备的故障点后，排除故障的方法要得当。针对不同的故障部位采取正确的修复方法，不要轻易更换不同规格型号的电气元件、补线或改动线路，故障点的检修要尽量做到复原，不要扩大故障范围或产生新故障。第一个故障点修复后，还要对电路试运行，以便对下一个故障位置进行分析判断。通电试运行时，必须注意人身和设备的安全，遵守安全操作规程。

5. 用试验法进行故障分析，确定第二个故障点

接通电源 QS，按下 SB2 后，电动机定子绕组可以接成 Y 形启动。经过延时后，电动机又停止工作。经观察发现 KT 线圈、KM3 线圈、KM1 线圈均能按电路动作顺序要求通断，KM2 接触器不能按要求闭合，因此故障点肯定在 9 号线→KM3 常闭触头→KM2 线圈→与 KM2 线圈相连的 0 号线的回路中。

特别提示：根据现象分析故障范围时，要注意观察相关继电器、接触器等低压电器的动作顺序细节。

6. 用测量法检修第二个故障点，并通电试运行

通过试运行观察证明故障点在较小的范围内，可以用电阻法进行测量。

将万用表至电阻 R×1 Ω 挡位上，断开与 KM1 线圈相连的 9 号线后，按序检查 9 号线、KM3 常闭触头、KM2 线圈、与 KM2 线圈相连的 0 号线的通断。即可找到与 KM2 线圈相连的 0 号线的断点。

修复 0 号线的断点。

通电试运行。接通电源，按下启动按钮，电动机启动且运行正常。按下停止按钮 SB1，电动机能够断电，却不能制动。

特别提示：对复杂电路采取电阻法进行通断检查时，一要注意选用万用表的最小电阻挡住；二要注意多条回路对检查结论的影响。为避免 KM1 回路对检查结果造成的影响，测量前先断开与 KM1 相连的 9 号线。

7. 用试验法进行故障分析，确定第三个故障点

因为已修复的两处故障，一处在主电路，另一处在控制电路，剩下的一处故障应在控制回路中。

经过分析，故障点应在：1 号线→SB1 常开触头→11 号线→KM1 常闭触头→12 号线→KM4 线圈→与 KM4 相连的 0 号线的范围内。

8. 用测量法检修第三个故障点，并通电试运行

将万用表调至 R×1 Ω 挡的量程上，测量 0 号线和 KM4 线圈之间阻值→0 Ω→正常。

将万用表调至 R×1 Ω 挡的量程上，测量 12 号线和 KM4 线圈之间阻值→0 Ω→正常。

将万用表调至 R×1 Ω 挡的量程上，测量 KM1 常闭触头→∞→不正常。

KM1 常闭触头有故障。

修复 KM1 常闭触头故障点。

通电试车，电路正常。

9. 整理现场，考试结束

断开开关，清理电工工具、仪表和工作台面等。

特别提示：将检修过程涉及的各接线点重新紧固一遍；走线槽盖板、灭弧罩、熔断器帽等盖好旋紧；各导线整理规模美观。将绝缘皮、废弃的线头等杂物清理干净。将电工工具、仪表和材料整齐摆放桌面，清扫地面。

[试题 7] X62W 万能铣床电气电路的故障检修

一、电路原理图

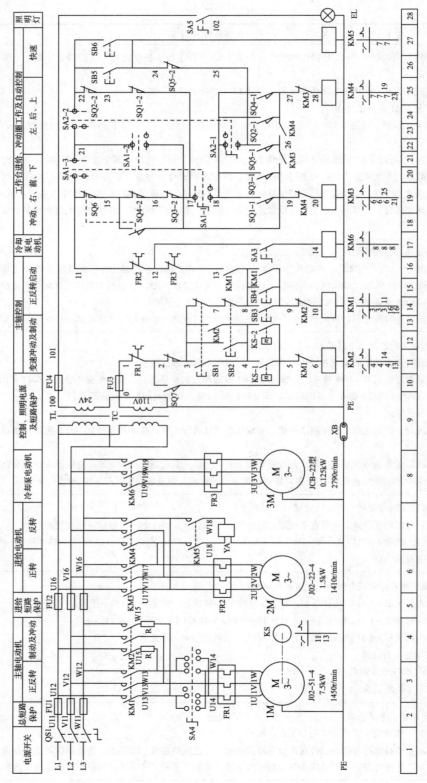

图 3—7　X62W 万能铣床电气线路原理图

二、考核要求

1. 从设置故障开始，监考教师不得进行提示；监考教师可以告诉考生故障现象，但考生要单独排除故障。

2. 根据故障现象，在电气线路上分析故障可能产生的原因，确定故障发生的范围。

3. 进行检修时，监考教师要进行监护，注意安全。

4. 排除故障过程中如果扩大故障，在规定时间内可以继续排除故障。

5. 正确使用工具和仪表；安全文明操作。

三、配分与考核时间

满分 40 分，考核时间 45 min。

四、设备及设施准备

设备及设施准备见表 3—13。

表 3—13　　　　　　　　　设备及设施准备

序号	名称	型号与规格	单位	数量	备注
1	机床配电板	X62W 万能铣床电路配电板或柜	套	1	
2	电路图	X62W 万能铣床电路配套电路图	套	1	
3	故障排除所用材料	和相应机床的配电板配套	套	1	
4	单相交流电源	~220 V/36 V、5 A	处	1	
5	三相四线电源	~3×380 V/220 V、20 A	处	1	
6	通用电工工具	验电笔、钢丝钳、一字形和十字形旋具、电工刀、尖嘴钳、活扳手、剥线钳等	套	1	
7	通用电工仪表	万用表、兆欧表、钳形电流表；型号自定	块	各1	
8	胶布	电工胶布或透明胶布	卷	1	
9	圆珠笔	自定	支	1	
10	劳保用品	绝缘鞋、工作服等	套	1	

五、配分与评分标准

配分与评分标准见表 3—14。

表 3—14　　　　　　　　　配分与评分标准

序号	考核内容	评分标准	配分	扣分	得分
1	调查研究	1. 排除故障前不进行调查研究扣 1 分	1		
2	故障分析	1. 标错或标不出故障范围，每个故障点扣 2 分	6		
		2. 不能标出最小的故障范围，每个故障点扣 1 分	3		

续表

序号	考核内容	评分标准	配分	扣分	得分
3	故障排除	1. 实际排除故障中思路不清楚，每个故障点扣2分	6		
		2. 每少查出一个故障点扣2分	6		
		3. 每少排除一个故障点扣3分	9		
		4. 排除故障方法不正确，每处扣3分	9		
4	其他	1. 扩大故障范围或产生新故障不能自行修复，每个故障点扣10分；已经修复，每个扣5分			
		2. 损坏电动机扣10分			
备注			合计		
			考评员签字		年　月　日

【试题7】 操作解析

一、操作步骤描述

操作步骤：调查研究，找出故障现象→在电气线路图上分析故障范围→用试验法进行故障分析，确定第一个故障点→用测量法检修第一个故障点，并通电试运行→用试验法进行故障分析，确定第二个故障点→用测量法检修第二个故障点，并通电试运行→用试验法进行故障分析，确定第三个故障点→用测量法检修第三个故障点，并通电试运行→整理考场，考试结束。

二、操作步骤解析

故障设置说明：在X62W万能铣床电路配电板或柜电路上，设隐蔽故障3处，其中主回路1处，控制回路2处。例如，本次故障设置为：主回路将KM2主触点绝缘，控制回路16区3号线断开，25区23号线断开。

操作步骤和内容

1. 调查研究，找出故障现象

通过问、看、听、摸，了解故障前后的操作情况和故障发生后出现的异常现象。目前的故障现象有。

（1）工作台在（左、右方向）手柄控制下及在（上、下、前、后方向）手柄控制下，不能够实现左、右、上、下、前、后6个方向的移动。

（2）主轴电动机不能够反接制动。

特别提示：要仔细察看线路是否有明显的外观征兆，如导线接头松动或脱落、熔断器熔体熔断、保护器脱扣动作、电器开关动作受阻失灵、接触器和继电器的触头接触不良或触头之间是否有绝缘物等。

2. 在电气线路图上分析故障范围

工作台在左、右方向和上、下、前、后方向两个手柄的控制下，不能够实现左、右、上、下、前、后6个方向的移动，根据电气线路原理图，比较一下工作台垂直和横向（上、下、前、后）运动控制线路的路径和工作台纵向（左、右）运动控制线路的路径的特点，可以得知：在控制线路的两处故障点中，任何一个故障点都可以引起工作台6个方向都不能移动，应考虑检查垂直、横向控制线路的路径和工作台纵向控制线路路径的公共部分，即从

操作步骤和内容

16 区与 KM1 辅助常开相连的 8 号线开始→KM1 常开→13 号线→FR3 常闭→12 号线→FR2 常闭相连的 11 号线和连接 KM3、KM4 的 0 号线；如果控制线路的两处故障分别能够引起工作台垂直、横向 4 个方向不能够移动和工作台纵向 2 个方向不能移动，那么就考虑检查控制工作台垂直、横向移动线路的公共路径和控制工作台纵向移动线路的公共路径两部分，即 11 号线→SA1→21 号线→SA2→SQ2 常闭→23 号线→SQ1 常闭→与 SQ1 常闭相连的 17 号线，连接 KM3、KM4 的 0 号线和连接 SQ6 的 11 号线→SQ6 的常闭→15 号线→SQ4 常闭→16 号线→SQ3 常闭→17 号线，连接 KM3、KM4 的 0 号线。综上所述，工作台 6 个方向都不能移动需要检查的线路为：连接 KM3、KM4 的 0 号线；8 号线开始→KM1 常开→13 号线→FR3 常闭→12 号线→FR2 常闭相连的 11 号线；11 号线→SA1→21 号线→SA2→SQ2 常闭→23 号线→SQ1 常闭→与 SQ1 常闭相连的 17 号线；连接 SQ6 的 11 号线→SQ6 的常闭→15 号线→SQ4 常闭→16 号线→SQ3 常闭→17 号线。

因为主轴电动机不能够反接制动，在没有进一步用试验法去进行验证前，还不能确定较小的故障范围。在分析故障检查范围时，应同时考虑到 4 区的主动电路和 10 ~ 13 区的控制电路。

特别提示：可根据电路图，采用逻辑分析法。对故障现象做具体分析，画出可疑范围，提高威胁的针对性。电路分析通常从主电路着手，了解工业机械各运动部件和机构采用了几台电动机拖动，与每台电动机相关的电气元件有哪些，采用了何种控制，然后根据电动机主电路所用的电气元件和文字符号、图区号及控制要求，找到相应的控制电路。在此基础上结合故障现象和电路工作原理，进行认真分析排查，判定故障发生的可能范围。在电气控制线路上分析故障可能出现的原因，在线路图上标出故障范围，思路要清晰、正确。

3. 用试验法进行故障分析，确定第一个故障点

接通电源 QS，使工作台方向手柄都处于中间位置，然后按下启动按钮 SB3（或 SB4），主轴电动机启动正常。

操作工作台左、右手柄和操作工作台上、下、前、后手柄，工作台不能够实现左、右、上、下、前、后 6 个方向的移动。

在操作工作台手柄时，没有接触器吸合的响声，故判断故障点应在控制电路。为缩小故障范围，拉出进给调速手轮，瞬时压下 SQ6 后，观察到接触器 KM3 没有吸合。接着，扳动组合开关 SA3，冷却泵电动机不工作，KM6 也没有吸合。

故障检查范围可缩小到与 KM1 辅助常开（16 区）相连的 8 号线→KM1 辅助常开（16 区）→13 号线→KH3 常闭→12 号线→SA3→14 号线→KM6 线圈与 KM1 相连的 0 号线。

特别提示：经外观检查没发现故障点时，根据故障现象结合电路图分析故障原因，在不扩大故障范围、不损伤电器和设备的前提下，可进行直接通电试验，或除去负载（从控制箱接线端子板上卸下）通电试验，分清故障可能的部位。

一般情况应先检查控制电路。操作某一按钮时，线路中有关的接触器、继电器将按规定的动作顺序进行工作。若依次动作至某一电器时，发现动作不符合要求，即说明该电气元件或其相关电路有问题。再在此电路中进行逐项分析和检查，一般便可发现故障。

检修时要认真核对导线的线号，以免出现误判。停电要验电，带电检查时必须有考评员在现场监护，以确保用电安全。

人为故障点可能出现在所有的连接导线，低压电器触点、接线点等部位，没有易发故障范围，故障分析时要和自然故障有所区别。

4. 用测量法检修第一个故障点，并通电试运行

将万用表调至交流 500 V 的量程上，测量与 KM1 辅助常开（16 区）相连的 8 号线→与 SA3 相连的 14 号线的电压→正常。

断开电源开关 QS，验电后，将万用表调至 R×1 挡的量程上，调零×测量与 KM1 辅助常开（16 区）相连的 13 号线→与 SA3（17 区）相连的 12 号线→指针指向 ∞ 位→有断点。

操作步骤和内容

　　继续用万用表的 R×1 挡的量程，测量 12 号线两端→阻值为 0 Ω→正常→测量 FR3 常闭两端→阻值为 0 Ω→正常→测量 13 号线两端→阻值为∞→13 号线有断点。

　　修复 13 号线。

　　通电试运行。接通电源 QS，使工作台方向手柄都处于中间位置，然后按下启动按钮 SB3（或 SB4），主轴电动机启动正常。操作工作台左、右手柄，操作工作台上、下、前、后手柄，工作台能够在左、右手柄控制下向左、向右移动。工作台在上、下、前、后手柄控制下，不能够相应进行向上、向下、向前、向后移动，说明还存在第二个故障。

　　特别提示：对分析的故障范围进行测量检查。可根据实际电路测量点，采取电压测量法或电阻测量法进行故障点的查找。

　　当故障的可疑范围比较大时，不必按部就班地逐级进行检查。可从故障范围内的中间环节进行检查，来判断故障究竟发生在哪一部分，从而缩小故障范围，提高检修速度。

　　找到电气设备的故障点后，排除故障的思路和方法要正确。针对不同的故障和部位采取正确的修复方法，不要轻易更换不同规格型号的电气元件、补线或改动线路，故障点的检修要尽量做到复原。不要扩大故障范围或产生新故障。

　　在找出故障点和修复故障时，如果是自然故障，还要进一步分析查明产生故障的根本原因。修复第一个故障点后，对设备试运转，以便对下一个故障位置进行分析判断，准确查找。

　　通电试运行时，必须注意人身和设备的安全。要遵守安全操作规程，不得随意触动带电部分，要尽可能切断电动机主电路电源，只在控制电路带电的情况下进行检查。

　　5. 用试验法进行故障分析，确定第二个故障点

　　接通电源 QS，使工作台方向手柄都处于中间位置，然后按下启动按钮 SB3（或 SB4）主轴电动机启动正常。

　　操作工作台左、右手柄，工作台能够在左、右手柄的控制下，向左、向右移动，说明工作台左、右方向进给控制正常。

　　操作工作台上、下、前、后手柄，在（上、下、前、后方向）手柄的控制下，不能够实现上、下、前、后 4 个方向的移动。

　　在操作工作台手柄时，同时注意到没有接触器吸合的响声，故判断故障点仍在控制电路。因为控制电路故障只剩 1 处，工作台不能够实现上、下、前、后 4 个方向的移动，却能够实现左、右 2 个方向的移动，故障点只能在控制工作台垂直、横向移动线路的公共端，也就是 KM3、KM4 两个接触器支路的公共部分，即与 SQ1 常闭触点（25 区）相连的 17 号线→SQ 常闭触点（25 区）→23 号线→SQ2 常闭触点（25 区）→22 号线→SA2 转换开关→21 号线→与 SA1 转换开关相连的 11 号线。

　　6. 用测量法检修第二个故障点，并通电试运行

　　将万用表调至 500 V 的量程上，测量 20（或 28）号线与 SA1 转换开关相连的 11 号线→电压为 110 V→正常。

　　继续用万用表交流挡测量 20（或 28）号线与 SA1 转换开关相连的 21 号线→电压为 110 V→正常。

　　测量 20（或 28）号线与 SA2 转换开关相连的 22 号线→电压为 110 V→正常。

　　测量 20（或 28）号线与 SQ2 行程开关常闭相连的 23 号线→电压为 110 V→正常。

　　测量 20（或 28）号线与 SQ1 行程开关常闭相连的 23 号线→电压为 0 V→23 号线有断点。

　　修复 23 号线。

　　通电试运行。接通电源 QS，使工作台方向手柄都处于中间位置，然后按下启动按钮 SB3（或 SB4），主轴电动机启动正常。操作工作台左、右手柄，工作台能够向左、向右移动。操作工作台上、下、前、后手柄，工作台能够相应进行向上、向下、向前、向后移动。

　　特别提示：通电操作机床时，要在监护下进行。第二个故障点修复后，对设备试运行，以便对下一个故障位置进行分析判断，准确查找。

操作步骤和内容

7. 用试验法进行故障分析，确定第三个故障点

因为控制电路的 2 处故障都已修复，只剩 1 处主电路故障没有修复需对 X62W 万能铣床进行主电路操作，发现故障现象。

接通电源 QS，使工作台方向手柄都处于中间位置，然后按下启动按钮 SB3（或 SB4），主轴电动机启动正常。

按下停止按钮 SB1（或 SB2），主轴电动机不能够反接制动。

因为是人为故障，考题说明的 2 处控制电路故障现在都已修复。主轴不能制动的故障原因肯定就在主电路中，这时就可以将控制电路引起主轴不能制动排除在外。即与 KM2 主触点相连的 U12、V12、W12 号线→与 R、KM2 主触点相连的 U13、V13、W13、U15、W15 号线→KM2 的主触点，是检查范围。

特别提示：待控制电路的故障排除修复正常后，再接通主电路并检查控制电路对主电路的控制效果，观察主电路的工作情况有无异常等。应掌握如下局部电路的工作原理分析和常见故障的分析及检修。

主电路分析：主电路有三台电动机，1M 是主轴电动机；2M 是进给电动机；3M 是冷却泵电动机。

主轴电动机 1M 通过换相开关 SA4 与接触器 KM1 配合，能进行正反转控制，而与接触器 KM2、制动电阻器 R 及速度继电器的配合，能实现串电瞬时充电和正反转发接制动控制，并能通过接卸进行变速。

进给电动机 2M 能进行正反转控制，通过接触器 KM3、KM4 与行程开关及 KM5、牵引电磁铁 YA 配合，能实现进给变速时的瞬时冲动、6 个方向的常速进给和快速进给控制。

冷却泵电动机 3M 只能正转。

电路中 FU1 做机床总短路保护，也兼做 1M 的短路保护；FU2 作为 2M、3M 及控制、照明变压器一次侧的短路保护；热继电器 FR1、FR2、FR3 分别作为 1M、2M、3M 的过载保护。

主电路常见故障分析及检修：故障现象为按下停止按钮后主轴电动机不停转。产生故障的原因有，接触器 KM1 主触点熔焊；反接制动时两相运行；启动按钮 SB3 或 SB4 在启动 1M 后绝缘被击穿。这三种故障原因，在故障的现象上是能够加以区别的，如按下停止按钮后，KM1 不释放，则故障可断定是由熔焊引起的；如按下停止按钮后，接触器的动作顺序正确，即 KM1 能释放、KM2 能吸合，同时伴有嗡嗡声或转速过低现象，则可断定是制动时主电路和缺相故障存在；若制动时接触器动作顺序正确，电动机也能进行反接制动，但放开停止按钮后，电动机又再次自行启动，则可断定是启动按钮绝缘被击穿引起。

工作台进给电动机的控制电路分析：工作台的纵向、横向和垂直运动都由进给电动机 2M 驱动，接触器 KM3 和 KM4 使 2M 实现正反转，用以改变进给运动方向。它的控制电路采用了与纵向运动机械操作手柄联动的行程开关 SQ1、SQ2 和横向及垂直运动机械操作手柄联动的行程开关 SQ3、SQ4 相互组成复合联锁控制，即在选择三种运动形式的 6 个方向移动时，只能进行其中一个方向的移动，以确保操作安全。当这两个机械操作手柄都在中间位置时，各行程开关都处于未受压的原始状态。

在机床接通电源后，将控制圆工作台的组合开关 SA1 扳到断开位置，使触点 SA1 - 1（17 - 18）和 SA1 - 3（11 - 21）闭合，而 SA1 - 2（19 - 21）断开，再将选择工作台自动与手动控制的组合开关 SA2 扳到手动位置，使触点 SA2 - 1（18 - 25）断开，而 SA2 - 2（21 - 22）闭合，然后启动 1M。这时接触器 KM1 吸合；使 KM1（8 - 13）闭合，就可进行工作台的进给控制。

工作台垂直（上下）和横向（前后）运动的控制。工作台的垂直和横向运动，由垂直和横向进给手柄操纵。此手柄是复式的，有两个完全相同的手柄分别装在工作台左侧的前、后方。手柄的联动机械一方面能压下行程开关 SQ3 或 SQ4，同时能接通垂直或横向进给离合器。操纵手柄有五个位置，五个位置是联锁的，工作台的上下和前后的终端保护是利用装在床身导轨旁与工作台座上的撞铁，将操纵十字手柄撞到中间位置，使 2M 断电停转。操纵手柄位置与工作台运动方向是一一对应的。

工作台向上运动的控制：在 1M 启动后，将操作手柄扳至向上位置，其联动机构一方面机械上接通垂直离合器，同时压下行程开关 SQ4，图区 19 上的 SQ4（15 - 16）断开，图区 25 上的 SQ4（18 - 27）闭合，接触器 KM4 线圈通电吸合，2M 反转，工作台向上运动。

工作台向后运动的控制：当操纵手柄扳至向后位置，机械上接通横向进给离合器，而压下的行程开关仍是 SQ4，所以在电路上仍然接通 KM4，2M 也是反转，但在横向进给离合器的作用下，机械传动装置带动工作台向后进给运动。

操作步骤和内容

工作台向下运动的控制：将操纵手柄扳至向下位置时，机械上接通垂直进给离合器，同时压下行程开关 SQ3，其图区 19 上的常闭触点 SQ3 - 2（16 - 17）断开，图区 20 上的常开触点 SQ3 - 1（18 - 19）闭合，接触器 KM3 吸合，2M 正转，工作台向下进给运动。

工作台向前运动的控制：当操纵手柄扳至向前位置时，机械上接通横向进给离合器，而压下的行程开关仍是 SQ3，所以在电路上仍然接通 KM3，2M 也是正转，但在横向离合器的作用下，机械传动装置带动工作台向前运动。

工作台纵向（左右）运动的控制：工作台的纵向运动也是由进给电动机 2M 驱动，由纵向操纵手柄来控制。此手柄也是复式的，一个安装在工作台底座的顶面中央部位，另一个安装在工作台底座的左下方。手柄有三个位置：向左、向右、零位。当手柄扳到向右或向左运动方向时，手柄的联动机构压下行程开关 SQ1 或 SQ2，使接触器 KM3 或 KM4 动作，控制进给电动机 2M 的正反转。工作台左右运动的行程，可通过调整安装在工作台两端的撞铁位置来实现。当工作台纵向运动到极限位置时，撞铁撞动纵向操纵手柄使它回到零，2M 停转，工作台停止运动，从而实现了纵向终端保护。

工作台向左运动：在 1M 启动后，将操作手柄扳至向左位置，一方面在机械上接通纵向合器，同时在电气上压下行程开关 SQ2，使图区 25 上的行程开关常闭触点 SQ2 - 2（22 - 23）断开，图区 24 上的行程开关 SQ2 - 11（18 - 27）闭合，而其他控制进给运动的行程开关都处于原始位置，此时，使接触器 KM3 吸合，2M 反转，工作台向左进给运动。

工作台向右运动：当操纵手柄扳至向右位置时，机械上仍然接通纵向进给离合器，但却压动了行程开关 SQ1。其 SQ1 常闭触点（17 - 23）断开，常开触点（18 - 19）闭合，这样，接触器 KM3 吸合，2M 正转，工作台向右进给运转。

工作台的快速进给：工作台快速进给也是由进给电动机 2M 来驱动，在纵向、横向和垂直三种运动形式 6 个方向上都可以实现快速进给控制。工作台的快速进给控制为提高劳动生产率，要求铣床在不做铣切加工时，工作台能快速移动。工作台快速移动控制分手动和自动两种控制方法，在操作时，多数采用手动快速进给控制。

主轴电动机启动后，将进给操纵手柄扳至所需位置，工作台按照选定的速度和方向做常速进给移动时，再按下快速进给按钮 SB5（或 SB6），使接触器 KM5 通电吸合，接通牵引电磁铁 YA，电磁铁通过杠杆使摩擦离合器上，减少中间传动装置，使工作台按原运动方向做快速进给运动。当松开快速进给按钮时，电磁铁 YA 断电，摩擦离合器断开，快速进给运动停止，工作台仍按原常速进给时的速度继续运动。

进给电动机变速的瞬动（冲动）控制。变速时，为使齿轮易于啮合，进给变速和主轴变速一样，设有变速冲动环节。当需要进行进给变速时，应将转速盘的蘑菇形手轮向外拉出并转动转速盘，把所需进给量的标尺数字对准箭头，然后再把蘑菇形手轮用力向外拉到极限位置并随即推向原位，就在一次操纵手轮的同时，其连杆机构二次瞬时压下行程开关 SQ6，使 SQ6 常闭触点 SQ6（11 - 15）断开，常开触点 SQ6（15 - 19）闭合，使接触器 KM3 得电吸合，其通电回路是 11 - 21 - 22 - 23 - 17 - 16 - 15 - 19 - 20 - KM3 - 0，电动机 2M 正转，因为 KM3 是瞬时接通的，故能达到 2M 瞬时转动一下，从而保证变速齿轮易于啮合。

由于进给变速瞬时冲动的通电回路要经过 SQ1～SQ4 4 个行程开关的常闭触点，因此，只有当进给运动的操作手柄都在中间（停止）位置时，才能实现进给变速冲动控制，以保证操作时的安全同时与主轴变速时冲动控制一样，电动机的通电时间不能太长，以防止转速过高，在变速时打坏齿轮。

圆工作台运动：铣床如需铣切螺旋槽、弧形槽等曲线时，可在工作台上安装圆形工作台及其传动机械。圆形工作台的回转运动也是由进给电动机 2M 经传动机构驱动的。圆工作台工作时，应先将进给操作手柄扳至中间（停止）位置，然后将圆工作台组合开关 SA1 扳到接通位置，这时图 11 中图区 19 和图区 20 上的 SA1 - 1 及 SA1 - 3 断开，图区 22 上的 SA1 - 2 闭合。准备就绪后，按下主轴启动按钮 SB3 或 SB4，则接触器 KM1 与 KM3 相继吸合，主轴电动机 1M 与进给电动机 2M 相继启动并运转，而进给电动机仅以正转方向带动圆工作台做定向回转运动，此时 KM3 的通电回路为：1 - 2 - 3 - 7 - 8 - 13 - 12 - 11 - 15 - 16 - 17 - 23 - 22 - 21 - 19 - 20 - KM3 - 0。若要使圆工作台停止运动，可按主轴停止按钮 SB1 或 SB2，则主轴与圆工作台同时停止工作。由以上通电回路可知，圆工作台不能反转，只能定向做回转运动。并且不允许工作台在纵向、横向和垂直方向上有任何运动。当圆工作台工作时，若误操作而扳动进给运动操纵手柄，由于实现了电气上的联锁，就立即切断圆工作台的控制电路，电动机停止运转。

操作步骤和内容

  常见的故障有工作台不能做向上进给运动：由于铣床电气线路与机械系统的配合密切和工作台向上进给运动的控制是处于多回路线路之中，因此，不宜采用按部就班地一个一个检查的方法。在检查时，可先依次进行快速进给、进给变速冲动或圆工作台向前进给、向左进给及向后进给的控制，来逐步缩小故障范围（一般可从中间环节的控制开始），然后再进行逐个检查故障范围内的元器件、触点、导线及接点，来查出故障点。在检查时，还必须考虑到由于机械磨损或使操纵失灵等因素，若发现此类故障原因，应与机修钳工互相配合进行修理假设故障点在图区 25 上行程开关 SQ4 - 1 由于安装螺钉松动而移动位置，造成操纵手柄虽然到位，但触点 SQ4 - 1（18 - 27）仍不能闭合时，在检查时，若进行进给变速冲动控制正常后，即可排除与向上进给相关的公共支路上存在故障的可能性。也就说明向上进给回路中，线路 11 - 21 - 22 - 23 - 17 是完好的，再通过向左进给控制正常，又能排除线路（17 - 18）和 27 - 28 - 0 存在故障的可能性。这样就将故障的范围缩小到 18 -（S4 - 1）- 27 的范围内。再经过仔细检查或测量，就能很快找出故障点。

  常见的故障还有工作台纵向不能进给运动：应先检查横向或垂直进给是否正常，如果正常，说明进给电动机 2M、主电路、接触器 KM3、KM4 及与纵向进给相关的公共支路都正常，此时应重点检查图区 19 上的行程开关 SQ6（11 - 15）、SQ4 - 2 及 SQ3 - 2，即线号为 11 - 15 - 16 - 17 支路，因为只要三对常闭触点中有一对不能闭合，或有一根线头脱落就会使纵向不能进给。然后再检查进给变速冲动是否正常，如果也正常时，则故障的范围已缩小到在 SQ6（11 - 15）及 SQ1 - 1、SQ2 - 1 上，但一般 SQ1 - 1、SQ2 - 1 两副常开触点同时发生故障的可能性甚小，而 SQ6（11 - 15）由于进给变速时，常因用力过猛而容易损坏，所以可先检查 SQ6（11 - 15）触点，直至找到故障点并予以排除。

  8. 用测量法检修第三个故障点，并通电试运行

  将万用表调至交流 500 V 的量程上，测量与 KM2 常开主触点相连的 U12、V12、W12 号线之间的电压→均为 380 V→正常。

  断开电源开关 QS，验电后，用万用表的 R×1 Ω 电阻挡调零→测量与 KM2、R 常开主触点相连的 U13、V13、W13 号线之间的电阻→均为主轴电动机两相之间的直流电阻→正常。

  通过以上测量分析可知：故障就在 KM2 的主触点上。

  修复 KM2 主触点。

  通电试运行。接通电源 QS，使工作台方向手柄都处于中间位置，然后按下启动按钮 SB3（或 SB4）主轴电动机启动正常。按下停止按钮 SB1（或 SB2）主轴电动机能够反接制动。

  特别提示：如需电动机运转，应观察故障现象，尽量使电动机在空载下运行，避免机械部件的运动发生误动作和碰撞。若无法使电动机在空载下运行，为避免扩大故障，并预先充分估计到局部线路动作后可能出现的不良故障。

  9. 整理现场，考试结束

  合上电气柜门，关闭机床总电源开关，拉下总电源开关。整理 X62W 型铣床电气线路，清理电气壁龛、电工工具、仪表和地面等。

  特别提示：将检修过程涉及的各接线点重新紧固一遍；线槽盖板、灭弧罩、熔断器帽等盖好旋紧；各导线整理规范美观。将电气壁龛内的绝缘皮、废弃的线头等杂物清理干净。将电工工具、仪表和材料整齐摆放桌面，清扫地面。

鉴定范围5　直流电桥、示波器的使用与维护

【试题8】用单臂电桥测量电阻

一、直流单臂电桥

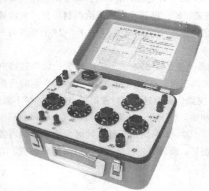

图 3—8

二、考核要求

1. 先用万用表估测待测电阻后，再用单臂电桥测量出待测电阻值。
2. 正确使用单臂电桥，测量步骤正确，测量结果在误差范围之内。
3. 安全文明操作。

三、配分与考核时间

满分 10 分，考核时间 20 min。

四、设备及设施准备

设备及设施准备见表 3—15

表 3—15　　　　　　　　　　设备及设施准备

序号	名称	型号与规格	单位	数量	备注
1	万用表	500 型，或自定	块	1	
2	直流单臂电桥	QJ23 型，或自定	台	1	
3	电阻	33 Ω、68 Ω、110 Ω、240 Ω（1/8 W～1 W），或自定	只	各1	
4	通用电工工具	验电笔、一字形和十字形旋具、电工刀、尖嘴钳、剥线钳等	套	1	
5	连接导线	BVR－2.5 mm²	m	1	

五、配分与评分标准

配分与评分标准见表3—16

表3—16   配分与评分标准

序号	考核内容	评分标准	配分	扣分	得分
1	测量准备	仪表选择错误或接线错误扣2分	2		
2	测量过程	测量过程中，操作步骤每错一次扣1分	5		
3	测量结果	测量结果有较大误差或错误扣2分	2		
4	维护保养	维护保养有误扣1分	1		
5	文明操作	损坏工具或仪表扣10分			
备注			合计		
			考评员签字		年 月 日

【试题8】 操作解析

一、操作步骤描述

操作步骤：电桥调试→接入被测电阻→估测被测电阻，选择比例臂→接通电路，调节电桥比较臂使之平衡→计算电阻值→关闭电桥→电桥保养。

二、操作步骤解析

操作步骤和内容

1. 电桥调试

QJ23型电桥面板图如图3—9所示，打开检流计机械锁扣，调节调零器，使指针指在零位。

图3—9 QJ23型电桥面板图

特别提示：发现电桥电池电压不足应及时更换，否则将影响电桥的灵敏度。当采用外接电源时，必须注意电源的极性。将电源的正、负极分别接到"＋""－"端钮，且不要使外接电源电压超过电桥说明书上的规定值。

操作步骤和内容

2．接入被测电阻

接入被测电阻时，应采用较粗、较短的导线连接，并将接头拧紧。

3．估测被测电阻，选择比例臂

用万用表估测电阻值，选择适当比例臂，使比例臂的四挡电阻都能被充分利用，以获得四位有效数字的读数。估测电阻值为几欧时，比例臂选×1挡；估测电阻值为几十欧时，比例臂选×0.01挡；估测电阻值为几千欧时，比例臂选×0.001挡。

特别提示：用万用表估测被测电阻值应尽量准确，比例臂选择务必准确，否则会产生很大的测量误差，从而失去精确测量的意义。

4．接通电路，调节电桥比较臂使之平衡

先按下电源按钮。接通电桥电路后，若检流计指针"＋"方向偏转，应增大比较臂电阻；反之，则应减小比较臂电阻。如此反复调节直至检流计指针指零。

5．计算电阻值

被测电阻值＝比例臂读数×比较臂读数

6．关闭电桥

先松开检流计按钮，再松开电源按钮。然后拆除被测电阻，最后锁上检流计机械锁扣。

特别提示：对于没有机械锁扣的检流计，应将按钮G断开。

7．电桥保养

每次测量完毕后，将仪表盒盖盖好，存放于干燥、避光、无振动的场合。

特别提示：操作时应小心，轻拿轻放。

【试题9】 用示波器测量试验电压的波形和数值

一、示波器

图3—10　示波器

二、考核要求

1. 用示波器观察机内试验电压的波形，使屏幕上稳定显示 4 个正弦波形，并能读出该波形电压最大值和周期。

2. 正确使用示波器，测量步骤正确，测量结果在误差范围之内。

3. 安全文明操作。

三、配分与考核时间

满分 10 分，考核时间 10 min。

四、设备及设施准备

设备及设施准备见表 3—17

表 3—17　　　　　　　　　　设备及设施准备

序号	名称	型号与规格	单位	数量	备注
1	示波器	L5040 单踪或双踪示波器，或自定	台	1	
2	单相交流电源	~220 V/10 A	处	1	
3	通用电工工具	验电笔、一字形和十字形旋具、电工刀、尖嘴钳、剥线钳等	套	1	
4	连接导线	BVR－2.5 mm²	m	1	

五、配分与评分标准

配分与评分标准见表 3—18

表 3—18　　　　　　　　　　配分与评分标准

序号	考核内容	评分标准	配分	扣分	得分
1	测量准备	开机准备工作不熟练扣 2 分	2		
2	测量过程	测量过程中，操作步骤每错一次扣 1 分	4		
3	测量结果	测量结果有较大误差或错误扣 2 分	3		
4	维护保养	维护保养有误扣 1 分	1		
5	文明操作	损坏工具或仪表扣 10 分			
备注		合计			
		考评员签字		年　月　日	

【试题 9】 操作解析

一、操作步骤描述

操作步骤：测量准备→开机，调节光点→接入被测信号→选择扫描范围，调节扫描微调→调节整步选择和整步增幅→调节示波器，观察被测波形→示波器保养。

二、操作步骤解析

操作步骤和内容

1. 测量准备，开机

（1）熟悉通用示波器（L‐5040 型）面板上各开关和旋钮的作用，使用前检查各旋钮转动是否灵活。

（2）设定相应开关和旋钮的位置。

亮度（INTENSITY）：顺时针方向旋转到底；聚焦（FOCUS）：中间；Y 轴位移（POSITION）：中间；电压/格（VOLTS/DIV）：0.5/DIV；垂直方式：CH1；触发方式（TRIG MODE）：自动（AUTO）；触发源（SOVRCE）：内（INT）；触发电平（TREG LEVEL）：中间；X 轴位移（POSITION）：中间；时间/格（TIME/DIV）：0.5 μs/div。

（3）将示波器电源插头插入 220 V 电源插座，打开电源开关，指示灯应发亮，表明仪器进入预备工作状态，预热时间至少应大于 5 min。

特别提示：打开电源开关后，若指示灯不亮，应检查示波器的保险管是否正常。上述调节过程应反复进行，直至达到要求。

图 3—11　通用示波器

2. 调整示波器，观察标准方波波形

（1）调节"辉度（INTENSITY）"旋钮，使亮度适中。

（2）调节"聚焦（FOCUS）"旋钮，使亮点或亮线适中。

（3）调节相应开关或旋钮的位置。

垂直方式：CH1；AC—GND—DC（CH1）：DC；V/DIV（CH1）：5 mV；微调（CH1）：（CAL）校准；耦合方式：AC；触发源：CH1。

（4）用探头将"校正信号源"送到 CH1 输入端。

（5）将探头的"衰减比"旋转置于"×10"档位置，调节"电平"旋钮使仪器触发。

特别提示：调节"触发电平（SLOPE）"旋钮，直至方波波形稳定，再微调"聚焦（FOCUS）"，使波形更清晰，并将波形移至屏幕中间。此时方波在 Y 轴占 5DIV，X 轴占 10DIV，否则需校准。

3. 接入被测信号

将被测交流电压信号接到示波器的输入通道 1 或通道 2（INPUT）。

特别提示：根据被测信号的幅度大小，选择适当的电压/格（VOLTS/DIV），使显示的波形大小适中。如无法确定被测信号的大小时，应将其置于最大挡位上。然后根据显示波形的大小，逐步调整到适当位置。

4. 选择扫描范围，调节扫描微调

选择合适的时间/格（TIME/DIV）单位，使扫描波形的个数符合考核要求；然后调节"扫描微调"，使显示的波形趋于稳定。

特别提示：选择扫描范围的原则是：Y 轴输入电压的频率为扫描频率的整数倍。例如，Y 轴输入的被测信号频率为 200 Hz，要求在屏幕上看到四个完整的被测波形，则扫描频率应取在 200/4 = 50 Hz，并接入被测信号之后，其显示的波形可能不太稳定，此时再调节时间/格（TIME/DIV）单位，使显示波形趋于稳定。

操作步骤和内容

5. 调节整步选择和整步增幅

为使显示的波形稳定，可调节"触发电平（TREG LEVEL）"旋钮，适当增大整步电压，即可使显示波形稳定。

特别提示：不同的教学示波器没有"整步选择"和"整步增幅"旋钮，这时只能通过反复调节"扫描微调"旋钮来实现波形的稳定。

6. 调节示波器，观察被测波形

调节"电压/格（VOLTS/DIV）"和"Y轴位移（POSITION）"旋钮，使波形幅度满足考核要求；调节"时间/格（TIME/DIV）"和"X轴位移（POSITION）"旋钮，使波形总宽度满足考核要求。

特别提示：上述调节过程要反复进行才能达到考核要求。

7. 示波器保养

测量完毕，应先断开示波器电源开关，再去掉信号连接线。

使用完毕应将"Y轴衰减"旋钮旋至最大衰减倍数。

特别提示：示波器应保存在干燥、干净、避光的场所。使用过程中暂时不测量波形时，最好将"时间/格（TIME/DIV）"置于"0.5 μs/div"挡。不要频繁开关示波器的电源开关，以免损坏示波管的灯丝。

鉴定范围6　安全文明生产

【试题10】 各项技能考核中遵守安全文明生产的有关规定

一、考核要求

1. 安全文明生产。

（1）劳动保护用品穿戴整齐。

（2）电工工具佩带齐全。

（3）遵守各项操作规程。

（4）尊重考评员，讲文明礼貌。

（5）考试结束要清理现场。

（6）遵守考场纪律，不能出现重大事故。

2. 当监考教师发现考生有重大事故隐患时，要立即予以制止。

3. 考生故意违反安全文明生产或发生事故，取消其考试资格。

4. 监考教师要在备注栏中注明考生违纪情况。

三、配分与考核时间

满分10分，考核时间整场考核过程所用时间265～275 min。

四、设备及设施准备

设备及设施准备见表 3—19

表 3—19 设备及设施准备

序号	名称	型号与规格	单位	数量	备注
1	劳保用品	绝缘鞋、工作服等	套	1	
2	安全设施	配套自定	套	1	

五、配分与评分标准

配分与评分标准见表 3—20

表 3—20 配分与评分标准

序号	考核内容	评分标准	配分	扣分	得分
1	安全文明生产	1. 在以上各项考试中，违犯安全文明生产考核要求的任何一项扣 2 分，扣完为止 2. 考生在不同的技能试题中，违反安全文明生产考核要求同一项内容的，要累计扣分 3. 当监考教师发现考生有重大事故隐患时，要立即予以制止，并每次扣安全文明生产总分 5 分	10		
备注			合计		
			考评员签字		年 月 日